大数据丛书

模式识别与分类导论

［美］杰夫·多尔蒂（Geoff Dougherty）　著

殷娟娟　答凯艳　程国建　译

机械工业出版社

模式识别与分类的使用是当今许多自动化电子系统的基础。尽管该领域已出版了许多名著，但该主题仍然非常具有挑战性，特别是对于初学者而言。

本书全面介绍了自动模式识别领域中所涉及的核心概念。本书的构思适用于具有不同背景的新手，对图像、信号处理分析以及计算机视觉方面的研究人员和专业人员也非常有用。对于监督分类与非监督分类的基本概念，本书以非公理化、非形式化的方式呈现出来，便于读者快速地获得将基本概念应用于解决实际问题的必要背景知识。更高级的主题，如半监督分类、聚类算法与相关反馈的结合，在本书的后半部分中进行讨论。

本书适合作为高等院校本科生和研究生"模式识别与机器学习"课程的教学参考书或自学指导书。

Translation from English language edition：
Pattern Recognition and Classification：An Introduction
by Geoff Dougherty
Copyright ⓒ 2013 Springer New York
Springer New York is a part of Springer Science + Business Media
All Rights Reserved

北京市版权局著作权合同登记 图字：01-2015-0414 号。

图书在版编目（CIP）数据

模式识别与分类导论/（美）杰夫·多尔蒂（Geoff Dougherty）著；殷娟娟，答凯艳，程国建译. —北京：机械工业出版社，2019.2
（大数据丛书）
书名原文：Pattern Recognition and Classification：An Introduction
ISBN 978-7-111-62072-3

Ⅰ.①模… Ⅱ.①杰… ②殷… ③答… ④程… Ⅲ.①模式识别–研究 Ⅳ.①TP391.4

中国版本图书馆 CIP 数据核字（2019）第 033409 号

机械工业出版社（北京市百万庄大街 22 号 邮政编码 100037）
策划编辑：王 康 责任编辑：王 康 任正一
责任校对：李 杉 封面设计：陈 沛
责任印制：张 博
北京铭成印刷有限公司印刷
2019 年 4 月第 1 版第 1 次印刷
169mm×239mm · 10.5 印张 · 192 千字
标准书号：ISBN 978-7-111-62072-3
定价：45.90 元

凡购本书，如有缺页、倒页、脱页，由本社发行部调换

电话服务　　　　　　　　　　网络服务
服务咨询热线：010-88379833　机 工 官 网：www.cmpbook.com
读者购书热线：010-68326294　机 工 官 博：weibo.com/cmp1952
　　　　　　　　　　　　　　教育服务网：www.cmpedu.com
封面无防伪标均为盗版　　　金 书 网：www.golden-book.com

致 谢

我想感谢我的同事 Matthew Wiers，我们进行了许多次深入的对话，他帮助处理了与本书捆绑在一起的多个 Excel 文件。感谢我以前的所有学生对课程的反馈，并最终催生了这本书。特别要感谢的是 Brandon Ausmus，Elisabeth Perkins，Michelle Moeller，Charles Walden，Shawn Richardson，Ray Alfano。

我感谢 Springer 的 Chris Coughlin 在写作本书的过程中给予的支持和鼓励，并感谢批评稿件的各位匿名评论家，并在课堂上试用这些评论。特别感谢我的妻子 Hajijah 和家人 Danel，Adeline 和 Nadia 的耐心和支持，还有我的父母 Mand 和 Harry（2009 年去世），没有他们，这本书将难以面世。

译 者 序

人们在观察外界事物或现象的时候，常常要寻找它与其他事物或现象的不同之处，并根据特定的目标把各个相似的但又不完全相同的事物或现象组成一类，正所谓"物以类聚"，这就是模式识别与分类。人工智能中的模式识别就是通过计算机用算法来研究模式或样本数据的自动处理和分析判断，进而对表征事物或现象的信息进行描述、辨认、分类和解释的过程。模式识别技术是人工智能与信息科学的基础技术。21世纪是信息化、计算化、网络化和智能化的世纪，在这个以数字计算为特征的世界里，作为人工智能与信息科学与技术基础学科的模式识别技术，必将获得巨大的发展空间。

模式识别及其分类与统计学、心理学、语言学、计算机科学、生物学、控制论等都有密切的关系，它与人工智能、图像处理、机器视觉的研究又有交叉关系。在国际上，各大权威研究机构及各大前沿技术公司（如谷歌、IBM、微软、百度、腾讯、阿里巴巴等）纷纷开始将模式识别技术作为其战略研发重点。业界流行的大数据分析、机器视觉、深度学习等技术与模式识别及分类有着密不可分的关系。

本书是模式识别与分类的基础教程，共包含10章内容：引言、分类、非度量方法、统计模式识别、监督学习、非参数学习、特征提取及选择、非监督式学习、评估和比较分类器、项目等。

本书既适合个人自学，也适合作为物理学、计算机科学与技术、自动化、机器人工程、生物医学工程、智能科学与技术，以及数学与应用数学等专业高年级本科生和研究生的模式识别和机器学习课程的教材。

本书的翻译出版得到西安培华学院学术基金的支持，在此表示感谢。

程国建

前　言

模式识别和分类的使用是当今许多自动化电子系统的基础。其应用范围遍及军事防御、医疗诊断、生物识别、机器学习、生物信息、家庭娱乐，等等。然而，尽管在这个领域有一些著名的书籍，但这个题目仍然是非常具有挑战性的，特别是对初学者来说。

我们发现目前的教科书无论是对以计算机科学为主的学生，还是对数学和物理学的学生以及其他工科专业的学生来说，都不能令人满意。他们的数学和计算机背景已相当多样，他们都希望以最少的时间投入理解和吸收核心概念，以便能够解决他们所从事领域的问题。而那些具有广泛的数学或统计学先决条件的文本令人望而生畏，对他们没有吸引力。

我们的学生抱怨"只见森林不见树木"，这对于模式识别教材来说颇为讽刺。对于这个领域的新人来说，必须以有序的合乎逻辑的方式介绍基本的关键概念，使他们能够欣赏"大局"。以先前的知识为基础，可以逐渐处理更多的细节，而不会被压倒。我们的学生经常尝试从各种教科书中学习不同的方法，但最终却被不同的术语弄糊涂了。

我们注意到，大多数学生对视觉学习非常感兴趣，由于他们的入学知识往往有限，需侧重于通过实例和练习来学习关键概念。我们相信，更多的视觉呈现和工作实例可以更好地帮助学生理解相关知识，提高他们的洞察力。

本书最初是作为加州州立大学海峡群岛（CSUCI）分校的高级本科课程和模式识别研究生课程的笔记和讲义开始的。随着时间的推移，它逐渐成长并接近目前的形式，这已经在 CSUCI 上经过了几年的等级测试。它适用于高年级本科生或研究生。它只要求学生在统计学和数学方面有适度的背景，由于在文本中加入了必要的附加材料，本书基本上是独立的。

本书既适用于物理学、计算机科学与技术、自动化、机器人工程、生物医学工程、智能科学与技术、数学与应用数学等专业的本科生和研究生的模式识别和机器学习课程，也适合于个人学习。它全面介绍了必须理解的核心概念，以便为该领域做出贡献。虽然它旨在为来自不同背景的新手提供便利，但对于图像和信号处理和分析以及计算机视觉领域的研究人员和专业人员也是有用的。我们的目标是以非正式而不是公理化的方式呈现监督和无监督分类的基本概念，以便读者能够快速将概念应用于实际问题。最后一章指出了一些有用和可以进行的项目。

我们在图像探索和分析的早期阶段使用 ImageJ（http://rsbweb. nih. gov/ij/）和相关的发行版，Fiji（http:// fiji. sc/wiki/index. php/Fiji）也具有直观的界面和易用性。然后，我们倾向于转向 MATLAB，因为它在处理矩阵及其图像处理和统计工具箱方面具有丰富的功能。我们推荐使用名为 DipImage（来自 http://www. diplib. org/download）的有吸引力的 GUI 来避免在处理图像时进行大量的命令行输入。

还有一些可用于 MATLAB 的分类工具箱，例如分类工具箱 Toolbox（http://www. wiley. com/WileyCDA/Section/id‐105036. html，其需要从关联的计算机手册获得密码）和 PRTools（http://www. prtools. org/download. html）。我们在第 8 章使用了分类工具箱，展示了其直观的图形用户界面。一些学生已经探索了 Weka，这是一组机器学习算法，用于解决在 Java 中实现的数据挖掘问题，并且是开源的（http://www. cs. waikato. ac. nz/ml/weka/index_downloading. html）。

还有一些额外的资源，可以从 http://extras. springer. com/的本书的配套网站上下载，其中包括一些有用的 Excel 文件和数据文件。

尽管我们在校对方面做出了最大的努力，但仍然有可能存在一些差错和缺漏。如果您发现任何问题，请通知我们。

我非常喜欢写这本书。我希望你喜欢读它！

杰夫·多尔蒂

目　录

第1章 引言

1.1 概述

人类善于识别物体（通用术语称为模式），并且理所当然地认为我们具备这种能力，但却发现在分析的过程中每个步骤又很困难。通常，区分人的声音和小提琴的声音、手写数字"3"和"8"、洋葱和玫瑰的气味是很容易的。每天，我们都在识别周围的人脸，但这完全是无意识的，因为不能解释这一专长，而且我们发现很难编写计算机程序来做同样的事情。每个人的脸都是由特定的结构（眼睛、鼻子、嘴巴等）组成的一个模式，并且分布在脸的某个位置。通过分析人脸样本图像，一个程序应该能捕获人脸的模式，并将其作为脸（作为我们已知的某一范畴或者某一类中的一个成员）来识别（或辨认），这就是模式识别。这里可能有许多范畴（或类别），我们必须将特定的脸分类到某个范畴（或类别）中，这就是分类。要注意的是："模式识别"这个术语得到了广泛地解释，并不需要重复的暗示，它用于包括我们想分类的所有对象，如苹果（或橘子），语言的波形和指纹。

类属是相似对象的集合，对象只需要相似不需要完全相同，不同的类属之间是有区别的。图1.1表明了我们预先知道的类和在检查对象后所创建的类别之间的不同。

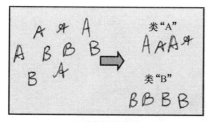
a) 预先知道类别

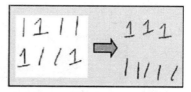
b) 预先未知类别

图1.1 分类问题图解

由于新兴的应用，人们对模式识别和分类的研究不断增加和深入，这不仅具有挑战性，而且对计算技术要求很高。这些应用包括：

● 数据挖掘（通过筛选大量的数据来提取少量相关的和有用的信息，如欺诈监测、金融预测和信用评分）

- 生物统计学（基于面部、虹膜和指纹等的物理属性的个人身份识别）
- 机器视觉（例如，一条流水线上的自动视觉检查）
- 字符识别（例如，根据邮政编码自动分拣邮件、自动取款机上的自动检查扫描器）
- 文档识别（例如，通过邮件的标题和内容识别邮件是否是垃圾邮件）
- 计算机辅助诊断（例如，基于对医学数据的解释，如乳腺摄影图像、超声波图像、心电图（ECGs）和脑电图（EECs），帮助医生做出诊断决定）
- 医学图像（例如，基于核磁共振图像（MRI）扫描的结果可将细胞分类为恶性或良性，或者将功能 MRI 中的大脑活动图像分类为不同的情绪和认知状态）
- 语言识别（例如，帮助残疾人控制机器）
- 生物信息学（例如，通过对 DNA 序列的分析来检测与基因相关的特定疾病）
- 遥感（例如，土地使用和作物产量）
- 天文学（根据其形状对星系进行分类；例如像外星球智能调查（SETI）中的自动调查，通过分析无线电望远镜的数据试图去定位可能源于人造的信号）

　　这些实用的方法已经在各个领域独立发展。在统计学中，从特定观察到一般描述的过程称之为推论，学习［即，使用例证（训练）数据］称之为估计，我们所知的分类方法称之为判别分析（McLachlan 1992）。在工程中，分类叫作模式识别，其方法是无参数的，更多的是凭经验。其他的方法起源于机器学习（Alpaydin 2010）、人工智能（Russell & Norvig 2002）、人工神经网络（Bishop 2006）和数据挖掘（Han 和 Kamber2006）。我们将结合这些技术从不同的侧重点，给出一个更加统一的分类说明（见图 1.2）。

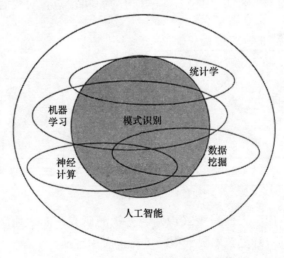

图 1.2　模式识别及其相关学科领域

1.2 分类

分类通常是一般过程的最后一步（见图1.3），它的任务是将对象分类到单独的类属中。以图像为例，对获取的图像加以分割以从背景中分离出不同的对象，不同的对象贴上不同的标签。典型的模式识别系统包括一个感知器、预处理机制（预先分割）、特征提取机制、一系列已经分类（后期处理）实例（训练数据）和分类算法。特征提取这一步通过测量标签对象的确切的特征属性或特征（如大小、形状和结构）来减少数据量。然后将这些特征（确切地说是这些特征的值）传递给分类器，分类器对所提交的特征进行评估计算，将物体分配给某个类别，其分类准则一般是判断特征的值落在类容差范围以内还是以外。例如，通过这个过程可用于分类身体损伤是良性还是恶性。

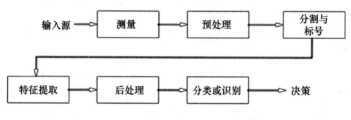

图1.3 通用分类系统流程

获取图像的质量取决于图像系统的分辨率、敏感度、带宽和信噪比。如图像增强（如亮度调整、对比增强、图像拉平、频域滤波、边缘增强）和图像复原（如照片标准校正、逆滤波、维纳滤波）的预处理步骤需要在分割前进行，这通常是一个有挑战性的过程。典型情况下，图像增强先于图像复原。通常情况下，这些过程都是按顺序执行的，但在较复杂的任务中需要循环处理，就是说，后续的处理步骤有时需将参数返回到先前的步骤中，这样图像处理过程就包括大量的迭代循环。

特征的质量与它们能够区分来自不同类属的能力有关。来自相同类属的实例应该有相似的特性值，而不同类属的例子应该有不同的特性值，也就是说，好的特征应该有小的类内变化和大的类间变化（见图1.4）。在加载给分类器前，测量特征会转换或映射到另一个可选择的特征空间，以产生更好的有区分力的特征。

假定特征可以是连续的（定量的），也可以是类属的或非测量的（定性的），这在数据挖掘应用中比较常见。分类的特征可以是名义上的（即无序的，例如邮政编码、员工 ID、性别）或是依照次序的（即有序的，例如街道

3

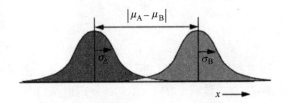

图 1.4 对两个不同的类别（蓝色和红色）进行度量的
一个好的特征 x 应该有小的类内变化和大的类间变化

号、年级、满意的级别可以是非常不满意、不满意、还可以、好、非常好）。有些能力可以将数据从一种类型转换为另一种类型，例如，连续的数据可以离散化为序列数据，序列数据可以指派为整型数据（尽管它们缺少很多真实数字的属性，但应该可以当作符号对待）。首选的特征总是包含大量的信息（因此，最具有区分力）。如果可以选择，科学应用一般更喜欢连续数据，因为可以利用它们（例如，均值和标准差）做更多的研究。对于属类数据，人们可能会怀疑是否所有相关的类别已经做出了解释，或者它们可能随时间而变化。

人类擅长于使用尺寸、形状、颜色和其他视觉线索在图像内辨别对象。尽管对象会在不同的视角和不同的光照条件下呈现，有不同的大小，或者会加以旋转，甚至它们在视觉上被部分遮挡时（见图 1.5），我们仍能够辨认出它们。但是通常这些任务对于机器识别系统来说很具有挑战性。

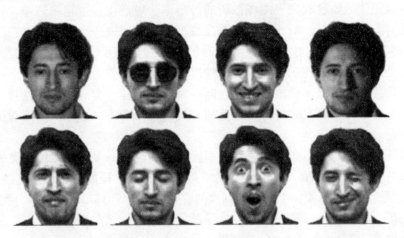

图 1.5 人脸识别需要能够处理不同的表情、光照和遮挡

分类器的目标是将新数据（测试数据）分类到某一个类别，这些类别是被决策域定义的，决策域之间的边界称之为决策线（见图 1.6）。

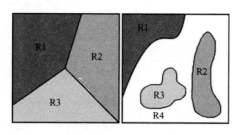

图 1.6　分类可映射为带有边界线的决策域

　　分类技术可以分为两个宽泛的领域：统计技术和结构（或称句法）技术。另外还有组合使用二者的第三个领域，称为认知方法，其中包括神经网络和遗传算法。第一个领域处理的对象或模式，对它们的产生有潜在的、可计量的统计基础，可以通过数量的特性来描述，如长度、面积和结构。第二个领域处理的对象由定性特征可进行最好地描述，描述对象中固有的结构或句法关系。统计分类方法比结构方法使用更为广泛。认知方法已在过去数十年间受到欢迎。这些方法并不是独立的，涉及多种分类器的混合系统日益普遍（Fu1983）。

1.3　本书的组织结构

　　第 2 章介绍分类过程的细节和不同的方法以及分类任务的一些实例。第 3 章介绍非度量方法（如决策树等）。第 4 章将讨论概率论，导入到贝叶斯规则和统计模式识别的起源。第 5 章讲解监督学习以及参数学习的例子，我们将看到用不同的方法去评估分类器的性能。第 6 章讲解非参数学习。第 7 章讲解维度灾难以及如何将特征数量保持到一个有效的最小值。第 8 章讲解非监督式学习的技术。第 9 章讲解评估各种分类器的性能的方法。第 10 章讨论一些有意义的分类问题。

　　如果有选择地回避一些细节，本书可以用于一个学期的学习。如果进行精讲，并附带一些适量的练习或编程及一些项目工作，则可能需要两个学期。另外，对于自学者，可以根据自己的节奏来学习这些材料，通过几个月的时间尽情享受这些内容，快乐地学习吧！

1.4　练习

　　1. 列举一些文章中未提到的分类应用程序。

　　2. 根据四个成年人的数据，说明了他们的体重和他们的健康状况。设计一个简单的分类器可以合理地分类所有四个模式。

体重（kg）	类别标签
50	不健康
60	健康
70	健康
80	不健康

使用这个分类器，如何分类体重为 76kg 的第五个成年人？

3. 超市购买的以下物品和它们的一些属性如下：

项目编号	价格（$）	体积（cm³）	颜色	类别标签
1	20	6	蓝色	便宜
2	50	8	蓝色	便宜
3	90	10	蓝色	便宜
4	100	20	红色	昂贵
5	160	25	红色	昂贵
6	180	30	红色	昂贵

三个特征（价格、体积和颜色）中哪个是最好的分类属性？

4. 考虑将对象分类为圆和椭圆的问题，该如何分类这些对象？

参考文献

[1] Alpaydin, E.: Introduction to Machine learning, 2nd edn. MIT Press, Cambridge (2010)

[2] Bishop, C. M.: Neural Networks for Pattern Recognition. Oxford University Press, Oxford (2006)

[3] Duda, R. O., Hart, P. E., Stork, D. G.: Pattern Classification, 2nd edn. Wiley, New York (2001)

[4] Fu, K. S.: A step towards unification of syntactic and statistical pattern recognition. IEEE Trans. Pattern Anal. Mach. Intell. 5, 200–205 (1983)

[5] Han, J., Kamber, M.: Data Mining: Concepts and Techniques, 2nd edn. Morgan Kaufmann, San Francisco (2006)

[6] McLachlan, G. J.: Discriminant Analysis and Statistical Pattern Recognition. Wiley, New York (1992)

[7] Russell, S., Norvig, P.: Artificial Intelligence: A Modern Approach, 2nd edn. Prentice Hall, New York (2002)

第2章 分 类

2.1 分类过程

常见的分类过程是阶段之间无反馈的分类系统，如图 2.1 所示。

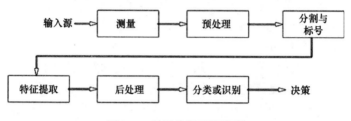

图 2.1 通用分类系统流程

感知/采集阶段使用诸如照相机或麦克风这样的变换器。所获取的信号（如一幅图像）必须具有足够的品质特性，这样所区分的"特征"能加以正确测量。这取决于变换器的特性，例如对于照相机性能应包括以下几个方面：分辨率、动态范围、灵敏度、失真、信噪比、聚焦好坏等。

预处理通常用于图像分割的情况。例如，平滑图像（比如，通过高斯模板卷积）通过阈值来减轻分割时噪声引起的混杂效应（因为包含噪声的随机波动可以导致像素跨越阈值移动以及错误分类）。用中值滤波器进行图像预处理可以有效去除散射噪声（例如椒盐噪声）。去除可变背景亮度和直方图均衡化经常可用来确保均匀的亮度。

根据不同情况，我们可能要处理丢失的数据（Batista 和 Monard, 2003），并检测和处理异常数据（Hodge 和 Austin, 2004）。

分割，即将一幅图像分割成对特定任务有意义的几个区域，比如前景（包括感兴趣对象）和背景（包括其他所有景象）。有两种主要的方法：一是基于区域的方法，可以检测相似性；二是基于边界的方法，可以检测到间断性（边缘）并连接形成连续的边界和区域。

基于区域的方法可以根据像素之间的相似性找出连通区域。定义区域最基本的特征是图像的灰度级别和亮度，而其他一些特征如颜色或纹理也可以使用。

然而，如果要求一个区域中的像素非常相似，我们可能会过度分割图像；如果允许区域中的像素有很大的差异性，我们可能会将原来独立的目标对象融合起来。要达到的目标就是找到目标对象相对应的区域，就像人类看到它们一样，而这个目标是不容易实现的。

基于区域的方法包括阈值方法（使用全局或局部自适应阈值法，最优阈值法（如 Otsu 方法、isodata 方法或最大熵阈值法））。如果这样导致目标对象重叠，那么使用图像的距离转换阈值或分水岭算法可有助于将它们分开。基于区域的其他方法包括区域生长法（使用"种子"像素的自下而上方法）和分裂合并法（自上而下的基于四叉树的方法）。

基于边界的方法趋向于使用边缘检测器（如 Canny 检测器）或者边缘连接，用于连接边缘的所有断裂处，或通过边界跟踪形成连续的边界。或者使用活动轮廓（或蛇形轮廓）方法，这是一个可以弹性控制的连续轮廓，可以通过对它边缘的锁定来封闭目标对象。

分割提供了一个简化的二元图像，它把感兴趣的对象（前景）从背景中分离，同时为以后的测量保留它们的形状和大小。前景像素设置为"1"（白色），背景像素设置为"0"（黑色）。通常，我们更愿意用离散的数值给图像中的对象做标记。连通组件标记算法扫描分割的二元图像，然后根据像素的连通性将像素分为不同的组件，也就是说，在一个连通组件里的所有像素具有相同的像素值，并且在某种程度上互相连接。一旦分组确定，根据它分配的组件，每个像素都标记为一个数值（1，2，3，…），这些数值可以看作图像显示的灰度级或颜色（见图2.2）。

标记的一个明显结果是图像中的对象可以很容易地加以计算。更一般的是，标记的二进制对象可以用来掩盖原始图像从而分离出每个（灰度）对象，但仍保留其原始的像素值，这样可以单独测量其属性或特征。掩模可以通过几种不同的方式进行设计。二进制掩模可用在显示硬件中的覆盖通道或 alpha 通道中，用来屏蔽像素的显示。还可以使用掩码来修改存储的图像。这可以通过灰度图像乘以二进制掩模来实现或通过位操作将原始图像和二进制掩模进行"与"运算来实现。可以独立测量的隔离特征，是显著性区域（RoI）处理的基础。

图像分割的后期处理可以为特征提取做准备。例如，局部对象可以从图像周边加以移除（见图2.2e），非连通对象可以进行融合，小于或大于特定限制的对象可以加以移除，对象或背景中的孔可以通过形态学中的开运算或闭运算得到填充。

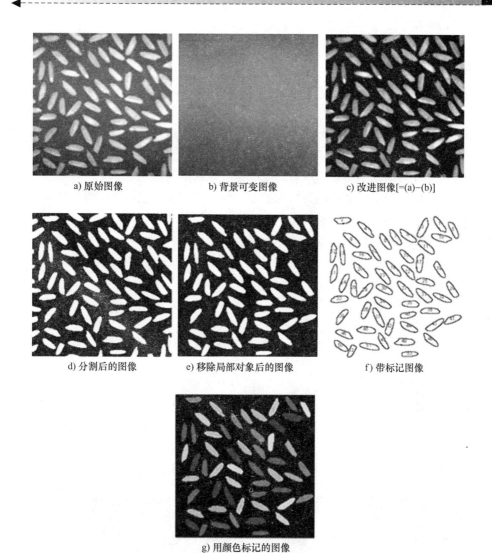

a) 原始图像 b) 背景可变图像 c) 改进图像[=(a)-(b)]

d) 分割后的图像 e) 移除局部对象后的图像 f) 带标记图像

g) 用颜色标记的图像

图 2.2

2.2 特征

下一步是特征提取。特征是对象的固有属性，其值在一个特定的类属中应该是相似的，但与其他类（或背景）的值却是不同的。特征可以是连续的（如数值）或类属的（如标记值）。连续变量的例子有长度、面积和纹理等。类属特征可以是顺序的——标记的顺序是有意义的（例如，类的地位、军衔、满意等级）；或者是名义上的——排序是没有意义的（例如，名称、邮政编码、部门）。

如何选择适当的特征取决于特定的图像和手头上的应用程序。所选特征应该满足：

- 稳健性：即它们通常应该对平移、旋转、尺度和光照保持不变性，得到良好设计的特征至少对噪声和伪影的出现保持部分不变性，这可能需要对一些图像进行预处理。
- 可鉴别性：即在不同类型中对象值的范围应该是不同的，最好是分离的和不重叠的。
- 可靠性：即同一类属的所有对象应该具有相似的值。
- 独立性：即特征是不相关的。举个反例，长度和面积是相关的，当作为独立的特征考虑二者时就是一种浪费。

特征是结构和形状的高层次表示。结构特征包括：

- 从对象的灰度直方图（使用图像显著性处理）获得的测量值，如平均像素值（灰度或颜色）、标准差、对比度和熵。
- 使用对象的灰度直方图的统计时刻或其分形维度表示的对象的纹理。

形状特征包括：

- 由包含每个对象及其周长 P（根据其链码得到）的像素数直接获得的对象 A 的尺寸或面积。
- 它的圆度：周长的二次方与面积的比，或面积与周长二次方的比（或按比例缩小，如 $4\pi A/P^2$）。
- 长宽比：即费雷特直径比，通过在该对象周围设定边界框而得到。
- 骨架或中轴变换，或其中的点，例如分支点和终点，它可以通过计算图像骨架上相邻像素的数量来获得，即分别为 3 和 1（见图 2.3）。

a) 原始图像

b) 骨架(红色)、分支点(白色)、末端点(绿色)

图　2.3

- 欧拉数：图像中连通组件（即对象）的数量减去图像中的孔数。
- 边界统计矩（1D）或面积统计矩（2D）：二维离散函数 $f(x, y)$ 的 (m, n) 矩，就像 $M \times N$ 像素的数字图像可定义为：

$$m_{mn} = \sum_{x=1}^{M} \sum_{y=1}^{N} x^m y^n f(x,y) \tag{2.1}$$

式中，m_{00} 是图像像素的总和，对于一个二进制图像，它的值等于它的面积。图像的中心或重心 (μ_x, μ_y) 是通过 (m_{10}/m_{00}, m_{01}/m_{00}) 得到的。中心矩（即均值）是通过公式(2.2) 得到的。

$$\mu_{mn} = \sum_{x=1}^{M} \sum_{y=1}^{N} (x - \mu_x)^m (y - \mu_y)^n f(x,y) \tag{2.2}$$

式中，μ_{20} 和 μ_{02} 分别是 x 和 y 的方差，μ_{11} 是 x 和 y 之间的协方差，协方差矩阵 C 或 $\text{cov}(x, y)$ 可表示为

$$C = \begin{pmatrix} \mu_{20} & \mu_{11} \\ \mu_{11} & \mu_{02} \end{pmatrix} \tag{2.3}$$

从中可以计算形状特征。

读者应该考虑什么特征会将图2.4 中的螺母（正面和侧面）和螺栓加以分离。

图2.4　螺母和螺栓图像

特征向量 X，是一个包含特定对象中测量特征 x_1, x_2, $\cdots$, x_n 的向量。特征向量可以绘制为特征空间中的点（见图2.5）。对于 n 个特征来说，特征空间是 n 维的，每一个特征组成一个维度。相同类的对象应聚集在特征空间中（可靠性），并被不同的类属很好地分离（可鉴别性）。在分类过程中，我们的目标是将每个特征向量分配给一组类别 $\{\omega_i\}$。

如果不同的特征有不同的尺度，可以通过标准差将其规范化（见图2.6）

$$\begin{aligned} x &= x_1 \\ &\quad x_2 \\ &\quad \vdots \\ &\quad x_n \end{aligned} \tag{2.4}$$

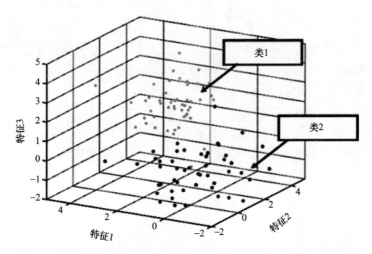

图 2.5　包含两类特征的三维特征空间，类 1 （灰色） 和类 2 （黑色）

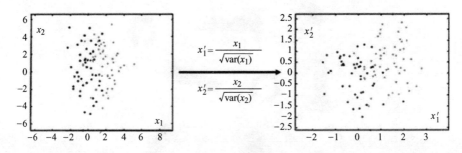

图 2.6　特征缩放

　　分类阶段中将对象分配到某类别（或类）的特征信息中。我们应该测量多少特征？哪些是最好的？问题是，我们测量得越多，特征空间的维度就越高，而且类别就越复杂（更不用说计算时间和存储空间将迅速增加）。这就是所谓的"维度的诅咒"。在寻找一个简单且有效的分类器时，我们常倾向于使用最小数量的"良好"特征，足以为一个特定的问题正确地做出分类（这需要测量分类器的性能）。可以采用启发式原则，传统上称为"奥卡姆剃刀"（即最简单的解决方案就是最好的），或用更加现代的语言称为 KISS （使其保持简单或单纯）；然而并不是所有情况下都是正确的，我们将根据简单的原则采取自然的偏好。

　　比较好的做法是测量每个对象可能需要的更多特征，然后再采用特征挑选或特征提取来减少特征数量。特征挑选指选择最有益的特征子集，并尽可能删除一些不相关和冗余的特征（Yu 和 Liu，2004）；特征提取指将现有的功能集与一组新的、具有更多信息特征的较小的集合结合起来（Markovitch 和 Rosenstein，2002）。最著名的特征提取方法是主成分分析法（PCA），我们将在第 7 章详细分析。

用于分类的一个范例是示例学习法。如果一个带标记对象的样本（称为训练集）是随机选择的，它们的特征向量会绘制在特征空间中，则可能构建一个分类器，它利用决策边界或决策面正确分离两个（或更多）的类。决策平面中的线性分类器产生的是一个超平面（见图 2.7）。同样，决策边界应尽可能简单，但与做定工作量的分类效果一致。使用带有标记的训练集，其中样本目标属于哪个类是已知的，这就构成了监督学习。

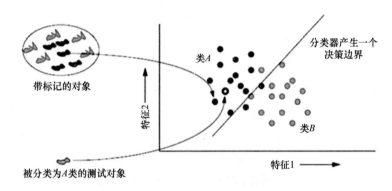

图 2.7 线性分类（使用带标号的具有两个特征的训练集）形成一个线性决策边界

2.3 训练与学习

一个典型的分类问题包括以下任务：为大量类（训练集）的典型特征提供实例对象，将其他对象（测试集）分类为这些类当中的一个。特征需要加以确定，这样类内变化会小于类间变化。

如果该对象所属的类别是已知的，这个过程称为监督学习，如果它们是未知的，在这种情况下找到最合适的类别，称之为无监督学习。如果是无监督学习，则希望发现未知的但有用的目标类（Jain 等，2000）。

对于分类器，使用数据确定最佳特征集的过程称为训练分类器。用于训练分类器的最有效的方法是示例学习。基于它产生的分类错误，应该计算一个特征集的性能度量以便评估特征的有用性。

学习（又名机器学习或人工智能）指的是分类算法所适应的某种形式以实现更好的响应，即减少一组训练数据的分类误差。这将涉及迭代方式过程中反馈的前期步骤，直到达到所需的精度水平。理想的情况下，这将导致一个单调递增的效果（见图 2.8），但这往往很难实现。

强化学习（Barto 和 Sutton 1997）中，系统的输出是一个行动的序列，以达到最好的目标。机器学习程序必须发现最好的行动序列以产生最好的奖励。机

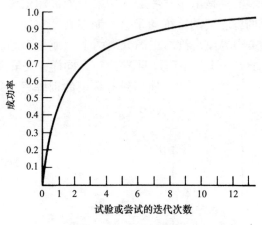

图 2.8   理想的学习曲线

器人在某个环境中导航以寻找一个特定地点就是强化学习的一个例子。经过大量的试验后，机器人要学会正确的移动顺序并尽可能快地到达目标位置，且没有触及任何障碍。一个任务可能需要多个实体来交互完成一个共同的目标，比如与一组机器人踢足球。

2.4 监督学习与算法选择

监督学习是归纳推理的过程，通过从实例中学习一系列规则（训练集中的例子），选择或创建的分类器算法，可以将这些规则成功地应用到新的实例中。将监督学习运用到现实世界问题中的过程如图 2.9 所示。

选择使用哪种具体的学习算法是关键的一步。我们应选择一种算法，把它应用到一个训练集中，然后在普遍采用它之前，对它进行评估。评估经常是基于预测的准确性，即正确预测的百分比除以预测的总数。至少有三种技术可用来计算一个分类器的准确性。

1）拆分训练集，三分之二用来训练，剩余三分之一用于评估性能。

2）将训练集分割成相互排斥的、大小相等的子集，对每个子集，联合所有其他子集对分类器进行训练。每个子集的平均错误率则是分类器错误率的估计，这称为交叉验证。

3）留一法是交叉验证的一个特殊情况，所有的测试子集包含一个单一实例。当然，这种验证类型计算更复杂，但当需要对分类器的错误率进行最准确的估计时，这却是非常有用的。

我们将在第 9 章详细介绍对分类器的性能和精度的估计方法。

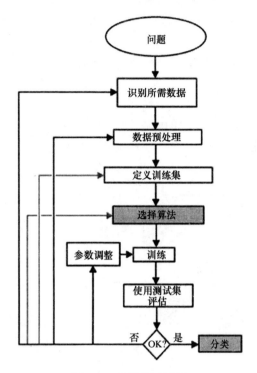

图 2.9　监督学习过程

2.5　分类方法

分类有多种方法：

1）统计方法（第 4 章和第 5 章）的特征是依赖于一个明确的、潜在的概率模型。特征从输入数据（对象）中提取，用于分配每个对象（由特征向量描述）到一个已标记的类。决策边界是由每个类所归属对象的概率分布所确定，它必须是事先指定的或已经学习的。先验概率（即根据以往经验和分析得到的概率，由概率密度函数描述）是转换成后验概率（或类/测量条件概率）——即得到"结果"的信息后重新修正的概率。贝叶斯网络（例如，Jensen，1996）是统计学习算法中最著名的代表。

基于判别分析法，决策边界的参数形式（如线性或二次型）是特定的形式，然后基于对训练目标的分类可找到对应该形式的最优决策边界，可以使用诸如均方误差标准来构造此类决策边界。

在最大熵技术中，最重要的原则是当没有什么是已知时，分布应尽量均匀，即具有最大熵。标记的训练数据用于为模型推导出一组约束集，这些模型描述了分类对类的具体期望（Csiszar，1996）。

基于实例的学习算法是懒惰学习算法（Mitchell 1997），之所以这样称谓，是因为它们延迟了归纳或泛化过程直到分类完成。懒惰学习算法（Aha，1998；De Mantaras 和 Armengol，1998）在训练阶段比渴望学习算法（如贝叶斯网络、决策树或神经网络）需要更少的计算时间，但在分类过程中需要更多的计算时间。一个最简单的基于实例的学习算法是最近邻算法。

各种统计模式识别方法之间的关系如图 2.10 所示。从上到下，从左到右，几乎没有信息是可用的，因而，分类的难度随之增加。

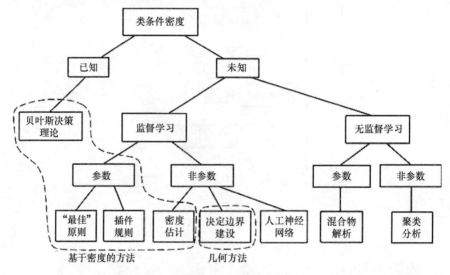

图 2.10   统计模式识别的不同方法

2）非度量方法（第 3 章）：决策树、句法（或语法）方法和基于规则的分类器。

通过询问一系列的问题可以自然直观地分类一个模式，所问问题中下一个问题取决于前一问题的答案。这种方法对于非度量（或分类）的数据特别有用，因为提出的这些问题可以引起"是/非"或"真/假"的答案，尽管它也可以用于定量数据。这些问题的顺序可以以一个树的结构形式显示为一个决策树（见图 2.11），其中包含决策节点。首先提出一个问题，并为每个可能答案（输出）分支。这些节点和分支一直连接，直到我们到达终端或表示类别的叶节点。

在复杂模式的情况下，模式可以看作简单子模式的分层组合，这些简单子模式本身是由更简单的子模式构成（FU，1982）。最简单的子模式称为基元，复杂的模式代表这些基元之间的关系，在某种程度上类似于一种语言的句法。基元可看作是一种语言，模式是按照一定的语法（如规则集）生成的句子，而语法是从可用的训练样本中推断出来的。这种方法对于具有明确结构的模式有很强的吸引力，而结构可以通过一组规则进行编码（例如，心电图波形、纹理图

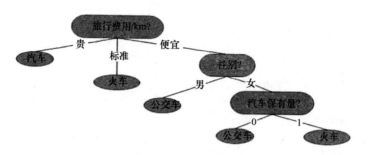

图 2.11 一个决策树

像）。然而，为了检测基元而进行的噪声图像的分割中遇到的困难以及从训练数据中进行语法推理常常会阻碍执行的过程。句法的方法可能会导致可能性的组合爆炸现象，因为这需要大量的训练集和大量的计算投入（Perlovsky，1998）。

3）认知的方法，包括神经网络和支持向量机（SVMs）。

神经网络基于人类大脑的组织结构，通过神经细胞（神经元）的纤维链（轴突）连接在一起。神经网络是大规模的并行计算系统，它包括许多具有内部联系的简单处理器。它们能够学习复杂的非线性输入输出关系并使用有序的训练过程。然而，尽管看似有着不同的潜在原则，大多数的神经网络模型隐性地类似于统计模式识别方法（Anderson 等，1990 和 Ripley，1993）。已有人指出（Anderson 等，1990）："神经网络是业余爱好者的数据统计方法，大多数神经网络对用户而言其统计过程不透明。"

支持向量机（SVMs）（Cristianini 和 Shawe - Taylor，2000）将训练样本表示为 p 维空间中的点，映射为数据类的实例由 $(p-1)$ 维超平面分隔开，所选择的超平面将其每一边的"间隔"最大化（见图 2.12）。

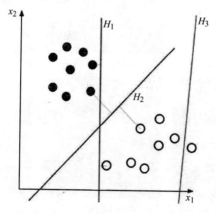

图 2.12 一个具有二维特征空间的线性 SVMs。H_1 用小的边际分离两个类，但 H_2 用大的边际分离两个类，而 H_3 根本不能将两类分开

2.6 实例

2.6.1 按形状分类

图 2.13a 是包含螺栓和螺母的图像，其中有一些排列为它们的侧面。我们能够基于形状将这些对象加以区分（因此也称分类）。螺栓长，有一个尾端件，螺母要么有一个洞（"面朝上"的螺母），要么是短的、线性的（"背朝上"的螺母）。在这种情况下，不需要预处理，自动分割（使用最大类间方差阈值法）产生一个简化的二进制图像（见图 2.13b）。

这幅图像的骨架显示了螺栓和螺母两种类型之间基本的形状差异（见图 2.13c）。骨架包括根据连通性与其他骨架的像素进行区分的像素：结尾像素（在骨架上只有一个像素与其相邻）、连接像素（在骨架上有两个相邻像素）和分支像素（在骨架上有三个相邻像素）。因为它们的形状特征，只有螺栓的骨架会有分支像素。如果它们作为种子图像，并且种子图像受限于掩模图像的边界（原始二进制图像，见图 2.13b），在这样的条件下，便只产生螺栓的图像（见图 2.13d）。现在可以通过将本图与原二进制图形进行逻辑组合〔即图 2.13b AND（NOT 图 2.13d）来获得螺母（图 2.13e）〕。然后可以将螺母和螺栓连接成同一种颜色编码图像（见图 2.13f），图中显示了不同伪色彩表达的螺母和螺栓。

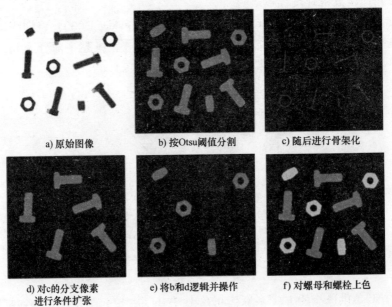

a) 原始图像　　　　b) 按Otsu阈值分割　　　　c) 随后进行骨架化

d) 对c的分支像素　　　e) 将b和d逻辑并操作　　　f) 对螺母和螺栓上色
进行条件扩张

图　2.13

2.6.2 按大小分类

分离螺母和螺栓的替代方法包括测量不同的特征属性，如面积、周长或长度。如果通过计算属于每个标记的像素数目并在一个维度中绘出这些值（见图2.14b）来测量分割图像（见图2.14a）中标记对象的面积，那么我们便会看到，根据面积就可以区分螺母和螺栓，因为螺栓比螺母面积更大。这里有三个簇，包括具有最大面积的螺栓，紧随其后的是具有中间面积的面朝上的螺母，以及具有最低面积的背朝上的螺母。如果根据面积值（见图2.14c）重新标记对象，图像（或者"面积"特征）可以阈值化以仅仅显示螺栓（见图2.14d）：在这种特殊的情况下，800阈值（即800像素的面积）会运行良好，尽管自动阈值是更可取的，例如，使用迭代自组织数据分析技术（Dubes和Jain，1976）或最大类间方差法（Otsu，1979），因为这可以保持其普遍性。然后可以像之前一样，通过将这个图像和螺母螺栓的分割图像进行逻辑运算，获得螺母。只有一个特征（域）用于区分这两个类，即特征空间（见图2.14b）是一维的。

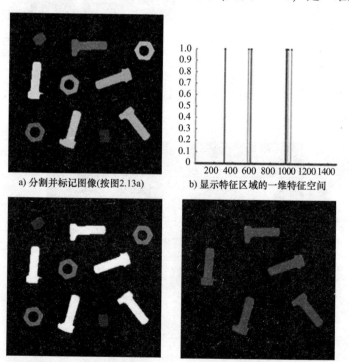

a) 分割并标记图像(按图2.13a) b) 显示特征区域的一维特征空间

c) 用特征灰度代表其面积大小 d) 按800阈值化后的图像

图 2.14

还有两种供选择的方法（形状和大小）可以用于测试其他螺母和螺栓图像的稳健性，从而检测哪个运行更好。

2.6.3 更多的实例

图2.15a是一幅含有多种电子元件的图像，它们具有不同的形状和大小（晶体管是三脚的；晶闸管也是三脚的但中间有一个洞；电解电容器是圆形的，有两条腿；陶瓷电容器比电阻器大）。根据形状和大小组合的方法可以将对象分为不同的类（见图2.15b）。

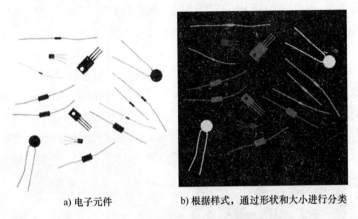

a) 电子元件   b) 根据样式，通过形状和大小进行分类

图　2.15

图2.16中的水果已用类似的技术将其分为三类。在这种情况下，思考一下最具有识别性的特征是什么。

图2.16　将目标水果分成三类，给原始图像加上轮廓线

圆形可以将香蕉与其他两种水果区分，大小（或者是纹理，但不是灰度图像中的颜色）可以用来区分苹果和柚子。水果的单像素轮廓可以通过提取它自身扩大后的分割图像中得到，彩色的轮廓就可叠加在原始图像上。

2.6.4 字母的分类

在图 2.17a 中字母 A ~ E 出现了不同的字体、方向和大小，但都因形状因素可加以区分（欧拉数、长宽比和圆度），这些形状因素对大小、位置和方向具有不变性。这可以用来对字母分类并对它们进行颜色编码（见图 2.17b）。图 2.17c 是一个有三个层级的决策树的实例。设计系统是最重要的，这样最容易测量的特征会首先加以使用，以减少总体的识别时间（见第 3 章）。每个字母特征的决策值是以实验的方式，通过测量每个字母的许多实例而决定的。

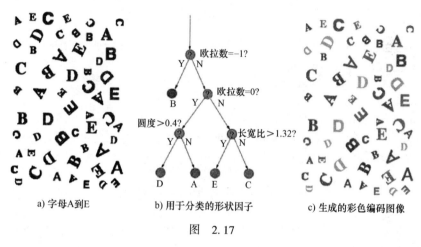

a) 字母A到E   b) 用于分类的形状因子   c) 生成的彩色编码图像

图 2.17

这个系统的缺点之一是增加一个类（如字母 F），并不是在过程中简单地添加一个步骤，而是可能要彻底重新整理适用规则应用的顺序，甚至用其他规则来替换某些规则。

2.7 练习

1. 讨论形状特征对平移、旋转、缩放、噪声和亮度的不变性。用特征的具体例子来说明你的答案。

2. 解释下列术语：（1）模式；（2）类属；（3）分类器；（4）特征空间；（5）决策规则；（6）决定边界。

3. 什么是训练集？它是如何选择的？什么会影响其所要的大小？

4. 有两个饼干罐：第一罐包含两块巧克力曲奇饼干和三块普通饼干，第二罐包含一块巧克力饼干和一块普通饼干。蒙着眼睛的弗莱德随机选择一个饼干罐，再在饼干罐中随机选择一块饼干。那么他得到一块巧克力饼干的概率是多少？（提示：使用决策树）。

参考文献

[1] Aha, D.: Feature weighting for lazy learning algorithms. In: Liu, H., Motoda, H. (eds.) Feature Extraction, Construction and Selection: A Data Mining Perspective, pp. 13 - 32. Kluwer, Norwell, MA (1998)

[2] Anderson, J., Pellionisz, A., Rosenfeld, E.: Neurocomputing 2: Directions for Research. MIT, Cambridge, MA (1990)

[3] Barto, A. G., Sutton, R. S.: Reinforcement learning in artificial intelligence. In: Donahue, J. W., Packard Dorsal, V. (eds.) Neural Network Models of Cognition, pp. 358 - 386. Elsevier, Amsterdam (1997)

[4] Batista, G., Monard, M.: An analysis of four missing data treatment methods for supervised learning. Appl. Artif. Intell. 17, 519 - 533 (2003)

[5] Cristianini, N., Shawe - Taylor, J.: An Introduction to Support Vector Machines. Cambridge University Press, Cambridge (2000)

[6] Csiszar, I.: Maxent, mathematics, and information theory. In: Hanson, K. M., Silver, R. N. (eds.) Maximum Entropy and Bayesian Methods, pp. 35 - 50. Kluwer, Norwell, MA (1996)

[7] De Mantaras, R. L., Armengol, E.: Machine learning from examples: inductive and lazy methods. Data Knowl. Eng. 25, 99 - 123 (1998)

[8] Dubes, R. C., Jain, A. K.: Clustering techniques: the user's dilemma. Pattern Recognit. 8, 247 - 290 (1976)

[9] Fu, K. S.: Syntactic Pattern Recognition and Applications. Prentice - Hall, Englewood Cliffs (1982)

[10] Hodge, V. J., Austin, J.: A survey of outlier detection methodologies. Artif. Intell. Rev. 22, 85 - 126 (2004)

[11] Jain, A. K., Duin, R. P. W., Mao, J.: Statistical pattern recognition: a review. IEEE Trans. Pattern Anal. Mach. Intell. 33, 1475 - 1485 (2000)

[12] Jensen, F. V.: An Introduction to Bayesian Networks. UCL Press, London (1996)

[13] Markovitch, S., Rosenstein, D.: Feature generation using general constructor functions. Mach. Learn. 49, 59 - 98 (2002)

[14] Mitchell, T.: Machine Learning. McGraw Hill, New York (1997)

[15] Otsu, N.: A threshold selection method from gray - level histograms. IEEE Trans. Syst. Man Cybern. SMC - 9, 62 - 66 (1979)

[16] Perlovsky, L. I.: Conundrum of combinatorial complexity. IEEE Trans. Pattern Anal. Mach. Intell. 20, 666 - 670 (1998)

[17] Ripley, B.: Statistical aspects of neural networks. In: Bornndorff - Nielsen, U., Jensen, J., Kendal, W. (eds.) Networks and Chaos - Statistical and Probabilistic Aspects, pp. 40 - 123. Chapman and Hall, London (1993)

[18] Yu, L., Liu, H.: Efficient feature selection via analysis of relevance and redundancy. J. Mach. Learn. Res. 5, 1205 - 1224 (2004)

第**3**章

非度量方法

3.1 引言

有了非度量（例如类别）数据，我们就可以列出特征的属性而不是实际的数值。例如，水果可以描述为 ¦（颜色＝）红、（质地＝）有光泽、（味道）＝甜、（大小）＝大¦，或者作为基本序列对的 DNA 片段，如 "GACTTAGATTC-CA"。这些都是离散数据，可以使用决策树、基于规则的分类器、句法（基于语法）方式方便地将它们加以处理。

3.2 决策树分类器

决策树是具有一种层次树形结构的简单分类器，它采用分而治之的策略执行监督式分类。它包括具有一系列问题的定向分支结构（见图 3.1），就像"二十个问题"游戏一样。问题位于每一个决策节点上；每个问题测试模式（对象）的特定属性（特征）的值，然后提供一个二进制或多向的分支。起始节点称为根节点，它是所有其他节点的父节点。分支对应可能的答案。连续的决策节点可被访问，直到达到终端或叶节点为止，类（类别）被加以读取（分配）。决策树是一种倒置的树，树根在最上面而叶子在底部。分类从根节点开始直到到达叶节点。树型结构不是固定的先验值，而是根据问题的复杂性在学习的过程中进行生长和分支。

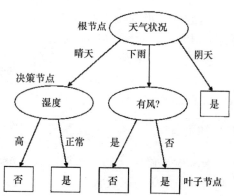

图 3.1 决定是否打网球的决策树（两层），椭圆表示决策节点（含根节点），矩形表示叶子节点

图 3.2 是一个三层级决策树的一个例子，用来决定在一个星期六的早上做什么。假设，父母还没有来并且阳光灿烂，那么决策树告诉我们要出去打网球。注意，决策树覆盖所有的可能性：天气、父母是否出现，经济能力是否满足，在决策树中没有数值特征。

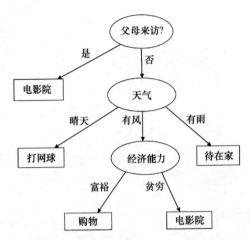

图 3.2　决定星期六早上做什么的三层级决策树

代表决策过程的决策树更具有普遍性。通过复述问题，它们可以应用于分类问题。决策树分类器的一个优点是，它可以与非参数/类别数据一起加以使用，包括没有自然排序的名义上的数据（虽然它也可以适应于使用定量数据）。另一个优点是它清晰的解释能力，提供自然的方式来组合先验知识（它可以直接将测试转换成逻辑表达）。决策树一旦构建成功，决策速度就会很快，因为它们需要极少的计算时间。

决策树简单易用，更有趣的问题是在选择一组判别特征后如何从训练数据（记录）中构建树。原则上，有许多决策树可以从一组给定的特征中以指数形式构建。虽然有些树比起其他树会更准确，找到最佳的树在计算上是不可行的。然而，许多有效的算法可以在一个合理的时间内创建或"生长"一个相当准确的、次优的决策树。这些算法通常采用"贪心"策略，在每一步使用最有益的属性（特征）来生长树并且不允许回溯。最有益的属性指的是可以将到达节点的数据集合分割为最均匀子集那个属性。

3.2.1　信息、熵、扭曲度

信息可以认为是用来减少不确定性的，而提供有益信息的属性将是最大程度地减少不确定性。对信息单元单一测量状态的信息量由式（3.1）得到：

$$I(E) = \log \frac{1}{P(E)} = -\log P(E) \tag{3.1}$$

式中，$P(E)$ 是信息发生的先验概率。直观地说，一条信息携带的信息量与其发生的概率负相关。发生概率高的信息携带很少的信息量，相反，期望最小的信息却携带大部分信息。如果只有两个事件是可能的（0 和 1），公式(3.1) 中运算的基数就是 2，由此产生的信息单位就是比特（bit）。如果这两个事件是同样可能的 $[P_1(E) = P_2(E) = 1/2]$，那么 $I(E_1) = I(E_2) = -\log_2(1/2) = 1\text{bit}$，也就是说，当两个可能发生的事件之一发生时，传送 1bit 信息。然而，如果两个可能的事件不是同样可能的 $[$例如，$P_1(E) = 1/4$ 和 $P_2(E) = 3/4]$，那么不太常见的事件 $[I(E_1) = -\log_2 1/4 = 2]$ 所传递的信息大于更加常见的事件 $[I(E_2) = -\log_2(3/4) = 0.415]$ 所传递的信息。（将对数设为基数 2 中是我们所不熟悉的，但请记得 $\log_2 N = \log_{10} N / \log_{10} 2$。

熵是用来测量一个系统的无序性和不可预测性的。（熵用于离散变量，而方差则是连续变量的度量标准）。给定一个二进制（两类）的分类 C，和一组例子 S，在任何节点类的分布可以写为 (p_0, p_1)，其中 $p_1 = 1 - p_0$，信息总和 S 中的熵就是 H：

$$H(S) = -p_0\log_2 p_0 - p_1\log_2 p_1 \tag{3.2}$$

如果属性导致将实例分裂为 (0.5, 0.5)（见图 3.3a）的分类，其特征的熵（不确定性）最大（等于 1.0），这就不是一个有用的属性。如果另一个属性将实例分裂为 (0.6, 0.4)，则与这个新的分类相关的熵是 $-0.6\log_2 0.6 - 0.4\log_2 0.4 = 0.97$（见图 3.3b）。如果三分之一属性的所有测试实例是同一类 [即分裂 (0, 1) 或 (1, 0)，见图 3.3c]，那么那个特征的熵（不确定性）是零，则它提供了很好的分类。

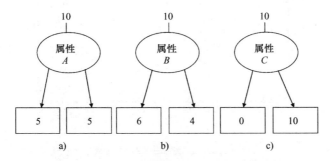

图 3.3 基于不同属性的三种决策节点比较

熵可认为是描述在一个节点上的一系列特征的扭曲的量。扭曲度越小，类分布越偏斜（更重要的是节点）。例如，一个类分布的节点 (0, 1) 具有零扭曲（熵为零），那么它是一个很好的分类器；而均匀分布的节点 (0.5, 0.5) 具有最高的扭曲（熵为 1），则它是一个无用的分类器。

在一般情况下，目标属性可以赋予 C 不同的值（即多向分裂），则与 C - wise 分类相关的熵 S 由公式(3.3) 得到：

$$H(p) = - \sum_{i=1}^{c} p_i \log_2 p_i \qquad (3.3)$$

式中，p_i是S属于类i的概率值。注意：对数的底数仍然是2，因为我们继续在用比特（bit）测量熵。还要注意与这个属性相关的最大可能的熵是$\log_2 C$。

其他扭曲度的测量，可以用来分裂一系列记录的最佳方式，包括基尼扭曲和分类误差。

$$\text{Gini}(p) = 1 - \sum_i p_i^2 \qquad (3.4)$$

$$\text{classification error}(p) = 1 - \max(p_i) \qquad (3.5)$$

如果类别的标记是从出现的类分布中随机选择的，基尼扭曲度实际上就是预期的误差率。

对二进制分类的扭曲度测量的值，如图3.4所示。所有三种测量达到了均匀分布的最大值（$p=0.5$），当所有的例子都属于同一类（$p=0$或1）则达到最小值。分类误差的一个缺点是，它有一个不连续的衍生值，当在一个连续的参数空间中寻找最优决策时这可能是一个问题。

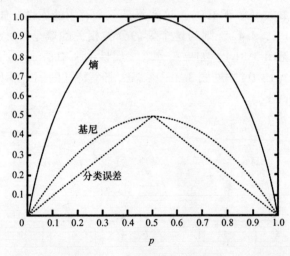

图3.4　二分类用于品质测量

3.2.2　信息增益

现在我们回到试图为树的每一个决策节点确定选择最佳属性的问题。决策模式将收到多个混合实例，最好的属性是将它们分离成同类的子集（见图3.5）。我们将使用的测量方式是增益，它是指根据属性分裂实例导致的预期扭曲的减少。更确切地说，一个属性A的增益（S，A），与样本S的集合相关，可定义为：

$$\text{Gain}(S, A) = \text{Im purity}(S) - \sum_{i=1}^{k} \frac{|S_{vi}|}{|S|} \text{Im purity}(S_{vi}) \qquad (3.6)$$

式中，属性 A 有一组值 $\{v_1，v_2，v_3，\cdots v_k\}$，$S$ 中具有 v_i 值的实例的个数为 $|S_{vi}|$。第一项仅仅是原始集合 S 的扭曲，第二项是使用属性 A 分裂 S 后扭曲的期望值，第二项简单地只是每个子集 S_{vi} 的扭曲总和，由属于 S_{vi} 的实例比例加权得到。如果熵被用于扭曲度的测量，则增益就是信息增益。

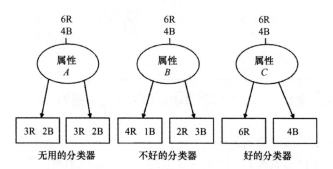

图 3.5　混合物分离的不同属性，属性 C 可最佳分离，也是用于分类的最佳属性

例 3.1　使用基尼系数来寻找增益

参考图 3.6，有两个属性 A 和 B，可用于将数据（包括 12 个实例）分割成较小的子集。在分裂（即父节点）前，基尼指数是 0.5，因为两类实例的数量是相等的。

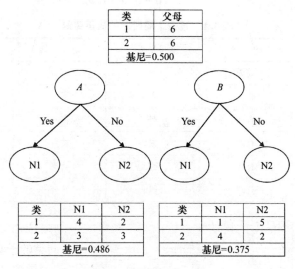

图 3.6　分离两类的属性

如果选择属性 A 来分割数据，节点 N_1 的基尼指数为 0.4898（即 $1 - \left[\left(\frac{4}{7}\right)^2 + \left(\frac{3}{7}\right)^2\right] = 24/49$），节点 N_2 是 0.480（即 $1 - \left[(2/5)^2 + (3/5)^2\right] = 12/25$）。这两个后代节点的加权平均值为 $(7/12) \times 0.4898 + (5/12) \times 0.480 = 0.486$。

同样地，如果我们使用属性 B，则属性 B 的基尼系数的加权平均值为 0.375。

由于属性 B 的子集的基尼指数较小（即扭曲度更小），因此属性 A 是首选的。或者说，使用属性 $B(0.5 - 0.375 = 0.125)$ 的增益比使用属性 $A(0.5 - 0.486 = 0.014)$ 的增益要大。

这个基本算法称为 ID3 算法（Quinlan，1986），通过决策树可能的空间，采用自上而下的贪婪搜索，之所以叫 ID3 是因为它是一系列"互动二叉"过程中的第 3 个。

例 3.2 用 ID3 算法建立决策树

假设我们想使用表 3.1 中的示例（实例）来训练决策树，第一件事就是找到根节点的属性。要做到这一点，我们需要在做任何分裂以前计算熵 $H(S)$。使用公式（3.3），就有了 $S = 1.571$，即 $\left[-0.6 \log_2 0.6 - 0.2 \log_2 0.2 - 2 \times (0.1 \log_2 0.1)\right]$

然后，我们需要确定增益（S，父母）、增益（S，天气）和增益（S，金钱）的值，使用公式（3.6）可得：

增益$(S, 父母) = 1.571 - |S_是|/10 \times 熵(S_是) - |S_否|/10 \times 熵(S_否)$
$= 1.571 - 0.5 \times 0 - 0.5 \times 1.922 = 0.61$

表 3.1 过去十周所做的决策实例

例 子	天 气	父母是否来	金 钱	决定（类型）
1	晴天	是	富有	电影院
2	晴天	否	富有	网球
3	有风	是	富有	电影院
4	有雨	是	贫穷	电影院
5	有雨	否	富有	待在家里
6	有雨	是	贫穷	电影院
7	有风	否	贫穷	电影院
8	有风	否	富有	购物
9	有风	是	富有	电影院
10	晴天	否	富有	网球

如果"父母要来呢?"是节点,然后有五种情况会进行到"是"的分支(然后所有将会是类属"电影院",熵为零:这将是一个终端节点),还有五种情况会进行到"否"的分支,它们将包含2个"网球",一个"待在家里",一个"电影院"和一个"购物":此节点的熵为 $-0.4 \log_2 0.4 - 3 \times (0.2 \log_2 0.2)$,即1.922。

$$增益(S, 天气) = 1.571 - |S_{晴天}|/10 \times 熵(S_{晴天}) - |S_{有风}|/10 \times$$
$$熵(S_{有风}) - |S_{有雨}|/10 \times 熵(S_{有雨})$$
$$= 1.571 - 0.3 \times 0.918 - 0.4 \times 0.8113 - 0.3 \times 0.918 = 0.70$$

$$增益(S, 金钱) = 1.571 - |S_{富有}|/10 \times 熵(S_{富有}) - |S_{贫穷}|/10 \times 熵(S_{贫穷})$$
$$= 1.571 - 0.7 \times 1.842 - 0.3 \times 0 = 0.2816$$

这意味着有三个分支的天气属性,应作为首(根)节点(见图3.7a)。

现在来看看分支情况。对于天气良好的分支,$S_{晴天} = \{1, 2, 10\}$ 由于类属(分别为电影、网球、网球)是不同的,这里我们需要另一个决策点(见图3.7b)。同样的情况也发生在其他两个分支(其中 $S_{有风} = \{3, 7, 8, 9\}$,$S_{有雨} = \{4, 5, 6\}$)。

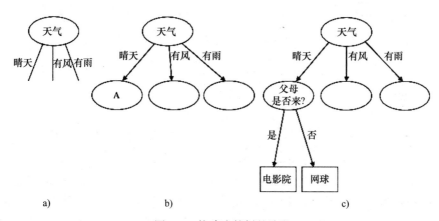

图3.7 构建决策树的阶段

回到天气为晴天的分支,我们只对三个实例感兴趣 $\{1, 2, 10\}$,现将 S 设定为 $S_{晴天}$,那么 $H(S)$ 的结果为0.918(即 $-0.1 \log_2 0.1 - 0.2 \log_2 0.2$),因为两个实例结合在一起(如"网球"),一个人自己(如"电影")。我们现在需要计算增益值($S_{晴天}$,父母)和增益($S_{晴天}$,金钱)

$$增益(S_{晴天}, 父母) = 0.918 - |S_{是}|/|S| \times 熵(S_{是}) - |S_{否}|/|S| \times 熵(S_{否})$$
$$= 0.918 - 1/3 \times 0 - 2/3 \times 0 = 0.918$$

$$增益(S_{晴天}, 金钱) = 0.918 - |S_{富有}|/|S| \times 熵(S_{富有}) - |S_{贫穷}|/|S| \times 熵(S_{贫穷})$$
$$= 0.918 - 3/3 \times 0.918 - 0/3 \times 0 = 0$$

注意:熵($S_{是}$)和熵($S_{否}$)均为零,因为 $S_{是}$ 和 $S_{否}$ 包含的实例都在相同的范畴（分别为看电影和打网球）。因此，父母属性应该下一个选择。它有"是"和"否"两个分支："是"分支包含一个单例 {1}，而"否"分支包含了两个例子 {2,10}，但它们在同一个类中。因此这两个分枝都在叶节点结束（见图 3.7c）。

树的其余部分作为练习留给读者。

3.2.3 决策树存在的问题

决策树产生许多问题。

● 决策树将特征空间划分成不相交的区域，具有决策边界是直线和平行于特征轴线（见图 3.8）。

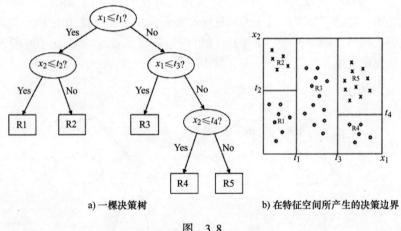

a) 一棵决策树   b) 在特征空间所产生的决策边界

图 3.8

● 倾斜的决策树可以利用试验条件如 $\omega_{11}x_1 + \omega_{12}x_2 + \omega_{10} > 0$ 来克服这个限制，其中 x_1 和 x_2 是特征，ω_{11} 和 ω_{12} 是权重，ω_{10} 是偏置或阈值（见图 3.9）。决策树现在是一个线性的多元树。如果这些试验条件发生在树的顶端附近，且训练集较大，则训练速度较慢。

● 在训练期间什么时候停止分裂树枝？如果我们继续分裂得太远，数据将过拟合。在极端情况下，每个终端（或叶子）节点对应一个单一的训练点，则全树只是一个查询表，它就不能很好地将（嘈杂）测试数据概括为好。相反，如果分裂太早停止，训练数据的误差将较大，测试数据的性能将受到影响。

当树很小时，训练和测试误差率很大，这种情况称为欠拟合：模型还得学习真实的数据结构。随着树中节点的数目增多，训练和测试误差将更少（见图 3.10）。然而，一旦树变大，其测试误差率开始增加，尽管它的训练误差率继续下降。这称之为过拟合，其中树包含一些训练数据中意外拟合噪声点的节点，但是它不概括到测试数据中。

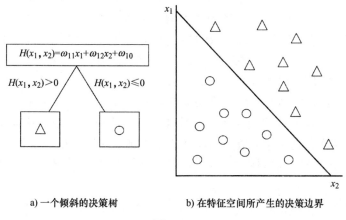

a) 一个倾斜的决策树   b) 在特征空间所产生的决策边界

图　3.9

　　用来决定何时停止分裂的一个方法是通过验证或交叉验证。在验证中，使用数据子集来训练树（如90%），剩余部分（10%）作为验证集。我们继续分裂直到验证集的误差最小化。在交叉验证中，可以使用一些独立选择的子集。

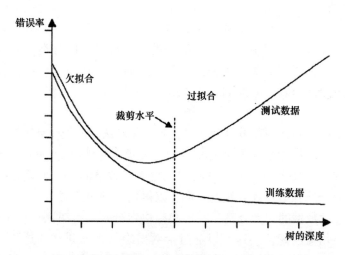

图 3.10　训练和测试误差率的一个典型例子，为避免过拟合要进行决策树的后剪枝处理，合适的剪枝位置如图所示

　　另一种方法是将扭曲减少到低于某个特定阈值或者当一个节点的集合数目小于特定数量时停止分裂（如总的训练集的5%）。

　　如果树长得太大，可以采用自下向上的方式进行修剪（见图3.10）。所有成对的邻近叶子节点（即连接到一个共同父节点的那些节点）都可以清除掉。任何一对节点，如果清除它仅导致较小的扭曲，那么这对节点将被清除，则它们的父节点变为叶节点。然后这个节点本身会被加以修剪。修剪算法是 ID3 的后继算法，称之为 C4.5（Quinlan，1993），修正后则为 J48 算法（Frank，2005）。

• 在某些情况下，对一些属性来讲，可用的数据可能是缺失值。在这种情况下，根据其他实例中属性有一个已知值来推测丢失的属性值是很普遍的。

考虑一下这样的情况，增益在决策树中的一个节点计算用来评估属性 A 是否是测试这个决策节点的最佳属性，且 $A(x)$ 的值对于一个训练样本来说是未知的。一种策略就是在这个节点的训练实例中赋予它一个最为常见的值。或者，我们可以在这个节点的实例中赋予它一个最为常见的值，且这个节点具有相同的类属。

第二种更加复杂的程序就是赋予 A 每一个可能的值一个概率，而不是简单地赋予 $A(x)$ 一个最为常见的值。这些概率可以根据在特定节点上的实例中所观察到的 A 的各种不同值的频率来重新估算。例如，给定一个布尔属性 A，如果该节点包含六个已知实例且 $A=1$，四个已知实例且 $A=0$，那么我们就说 $A(x)=1$ 的概率是 0.6，$A(x)=0$ 的概率是 0.4。由于 $A=1$，实例 x 的分数 0.6 现在分布到枝叶中，x 的分数 0.4 分布到其他树的枝叶中。这些分数实例将会被用于计算增益值，如果第二个缺失属性值必须测试的话，它们就可以在后续的分支中进一步细分。这些分解的例子也可以应用于对分类属性值未知的新实例的学习之后。在这种情况下，新实例的分类就是最可能的分类，它通过对在树的叶节点通过不同方式分类的实例片段进行加权计算而得到。这种处理缺失属性值的方法包含在 C4.5（Quinlan，1993）和 J48（Witten 和 Frank，2005）算法中。

• 如果比较二元分割和多路分割时，多路分割从本质上受到青睐。为了避免这种情况，增益应该除以 $-\sum p_i \log_2 p_i$（分割数量 k 的总和）：如果每个属性都有相同数量的情况，那么 $p_i = 1/k$，此时归一化因子就是 $\log_2 k$。使用多路分割，重要的是确保每个选择有足够数量的实例，以得到可靠的预测。

• 对于连续数据的二元分割，我们必须决定分割发生时阈值的最佳值，即，产生最大信息增益的阈值。这可以通过给数据绘制直方图（在这种情况下，需要选择箱宽）、为所有可能的分割计算基尼指数、选择产生最小基尼指数的分割来加以实现。

3.2.4 优缺点

决策树易于理解，当进行分类时不需要太多的计算，并且提供明确的指示哪些属性（领域）是最重要的。它们对分类数据是最有用的，但仅适用于处理连续数据。

另一方面,当类别较多和训练实例的数量相对较少时,决策树容易出现错误。训练时和修剪时的计算成本都很昂贵。决策树往往得出矩形决策区域,除非使用更昂贵的计算策略。

3.3 基于规则的分类器

当类别的划分不仅仅通过示例(实例),而是具有一定的关系时,基于规则建立分类器就变得具有吸引力。人们通常喜欢解释大多数的决定,有时是出于法律和道德的要求(例如,拒绝申请信用卡、医疗诊断卡)。

可以从决策树提取规则。从根到叶的每个路径可以写为一系列"如果,那么"规则。例如图 3.1 中最左边的路径会导致规则"如果"(天气 = 晴天)和(湿度 = 高),"那么"就不打网球。当不止一片树叶标记为相同的类,那么路径可以结合逻辑"或"。修改产生的规则是可以的,尽管在那之后作为一棵树,它们之后可能无法写回树。

另一种方法是从数据中直接学习规则。这样的规则归纳类似于决策树归纳,其区别在于规则归纳是深度优先搜索,且一次产生一个规则(路径),而决策树归纳是广度优先,同时产生所有路径。

一次只能学习一个规则。每个规则都是条件的结合,一次添加一个条件以使一些标准(如熵)最小化。一旦规则更新和修改,它就添加到规则库中。所有被规则覆盖的训练实例将从训练集中移除,这个过程一直持续到生成足够的规则。有一个外部循环,每次添加一个规则到规则库;有一个内部循环,每次添加一个条件到当前规则。这两个步骤是贪婪的,且不能保证最优。两个循环都包含修改以具备更好的概括能力。规则归纳算法的一个例子是 Ripper (Cohen, 1995),它基于之前的 Irep 算法(Furnkranz 和 Widmer, 1994),Ripper 非常适合处理不平衡类分布的数据集。

基于规则的分类器为决策树分类器提供了可比较的性能。它创建了类似于由(非倾斜)决策树创造的直线分区。然而,如果基于规则的分类器允许为给定实例引发多个规则,那么我们可以构造一个更为复杂的决策边界。

3.4 其他方法

整齐的序列或离散项目的字串,就像英语单词中字母的顺序或 DNA 序列,如 "AGCTTGGCATC"(其中 A、G、C 和 T 分别代表核酸腺嘌呤、鸟嘌呤、胞嘧啶和胸腺嘧啶)是名义上的元素。字串可以是不同的长度且没有明显的距离度量标准。字符串匹配包括查找子字符串是否出现在字符串中以用于特定字符的移位。基于最近邻距离（第5章），可以借助编辑距离来测量两个字符串之间的相似性或区别。例如编辑距离描述需要多少基本操作（替换、插入或删除一个字符）来使一个字符串转换成另一个。

例如，字符串 x = "excused"可以使用一个替换和两个插入（见图 3.11）转变成字符串 y = "exhausted"。如果这些操作同样昂贵，那么编辑距离就是 3。

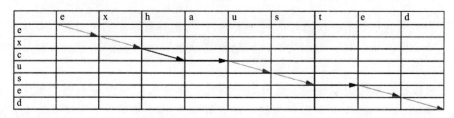

图 3.11　字串 x 和 y 的编辑距离计算（灰色箭头表示无变化，
黑色对角箭头表示替换，黑色水平箭头表示插入）

字符序列可以根据特定的结构规则（即语法）生成。例如，有效的电话号码，有国际的、国内的和地区的代码。往往这种结构是有层次的，是"名词"和"动词"短语。语法的方法可用于提供约束，提高准确性。例如，一个光学字符识别（OCR）系统，它识别和解释基于扫描的像素图像的数学方程式，可以有特定的"时隙"仅仅填充着一组有限的符号。

由一组规则生成的字符串就像一个句子，规则由语法指定。在模式识别中，我们得到一个句子和语法，寻求确定是否由语法生成句子。一般的过程称之为解析。许多解析方法取决于语法隐藏下的模型，其中一个受欢迎的模型是有限状态机。

3.5　练习

1. 假设五个事件的概率分别是 $P(1) = 0.5$，$P(2) = P(3) = P(4) = P(5) = 0.125$。计算熵，并解释它的含义。

2. 三个二进制节点 N_1、N_2、N_3 分别分裂实例为（0, 6）、（1, 5）和（3, 3）。对于每个节点，计算其熵、基尼扭曲度及其分类误差。

3. 建立一个计算逻辑"与"函数的决策树。

4. 想象一下你打算在晚上做的四件事：去酒吧、看电视、参加聚会或学习。你有时会做出选择——如果你第二天有作业要交，你需要学习；如果你想偷懒，那酒吧不适合你；如果没有聚会，你就不能参加。你正在寻找一个能帮你决定每个晚上做什么的决策树。下面是你在过去 10 天所做事情的列表。

作业期限	有无聚会	是否想偷懒	行动结果
急迫	有	是	聚会
急迫	无	是	学习
接近	有	是	聚会
没有	有	否	聚会
没有	无	是	酒吧
没有	有	否	聚会
接近	无	否	学习
接近	无	是	看电视
接近	有	是	聚会
急迫	无	否	学习

（首先要做的工作是使用哪个特征作为起始（根）节点。为此你需要计算熵，然后找出哪种特征具有最大的信息增益）。

5. 写出 ID3 算法伪代码中的步骤。

6. 从字母表 A = ｛a、b、c｝ 中考虑训练数据：

ω1	ω2	ω3
aabbc	Bccba	caaaa
ababcc	Bbbca	cbcaab
babbcc	cbbaaaa	baaca

使用编辑距离分类下面的每个字符串［如果分类有歧义，陈述哪两个（或所有三个）类别是候补］："abacc""abca""ccbba""bbaaac"。

参考文献

［1］Cohen, W.: Fast effective rule induction. In: Prieditis, A., Russell, S. J. （eds.）Twelfth International Conference on Machine Learning, pp. 115 – 123. Morgan Kaufmann, San Mateo, CA （1995）

［2］Furnkranz, J., Widmer, G.: Incremental reduced error pruning. In: Cohen, W., Hirsch, H. （eds.）Eleventh International Conference on Machine Learning, pp. 70 – 77. Morgan Kaufmann, San Mateo, CA （1994）

［3］Quinlan, J. R.: Induction of decision trees. Mach. Learn. 1, 81 – 106 （1986）

［4］Quinlan, J. R.: C4.5: Programs for Machine Learning. Morgan Kaufmann, San Mateo, CA （1993）

［5］Witten, I. H., Frank, E.: Data Mining: Practical Machine Learning Tools and Techniques. Morgan Kaufmann, San Mateo, CA （2005）

第4章

统计模式识别

4.1 测量数据与测量误差

期待数据完美是不切实际的，人为造成的错误在所难免（如抄写错误），另外还有测量传感器的局限性（如有限的分辨率），或者是数据采集过程中的缺陷（如缺失值）等。

测得的数据带有不确定的误差幅值，术语"测量误差"是指测量过程中产生的任何问题。在统计学和实验科学中，这个误差可以由精度（重复性的或随机误差——互相之间同一特征重复测量的接近度）和准确度（系统误差——所有测量中的固定偏差）来表达，如图4.1所示。数据会受制于以上一种或两种不同数量上的误差类型，以飞镖靶心说明，如图4.2所示。

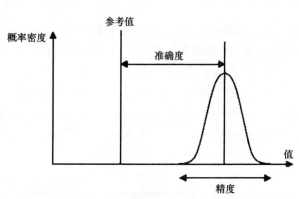

图4.1　精度和准确度图解

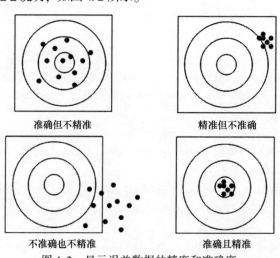

图4.2　显示误差数据的精度和准确度

概率论有助于我们模拟随机误差，因此它为分类器的设计打下了坚实的基础，系统误差需要通过一些外部方式来获取实际（真）值。

4.2 概率论

4.2.1 简单概率论

如果 A、B、C、…是事件，这些事件发生的概率可由 $0 \sim 1$ 之间的数字表示，即，$P(A)$、$P(B)$、$P(C)$……（概率与该事件发生的相对频率相连，即实验进行了很多次的观察（N），如果事件 A 发生 M 次，那么 $P(A) = M/N$）。

文氏图可以用来说明这些事件，其中整个区域代表样本空间 S（所有可能结果的集合）。如果 A 和 B 是互斥的（即它们不能同时发生），这种关系如图 4.3a 所示。无论 A 或 B 发生的概率由 $P(A + B)$ 或 $P(A \cup B)$ 表示，由以下公式得出：

$$P(A \cup B) = P(A) + P(B) \tag{4.1}$$

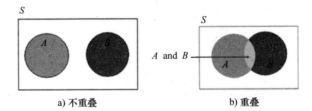

a) 不重叠   b) 重叠

图 4.3　文氏图显示事件 A 和 B 是否相互排斥

如果事件 A 和 B 同时发生，那么一个更普遍的关系是：

$$P(A \cup B) = P(A) + P(B) - P(A \cap B) \tag{4.2}$$

$P(A \text{ and } B)$ 或者 $P(A \cap B)$ 是重叠区域（见图 4.3b），有时称式(4.2)为"一般加法法则"。

注意，所有可能事件的概率之和为 1（即确定）。

如果事件 A 是确定的，那么 $P(A) = 1$；如果它是不可能的，那么 $P(A) = 0$。事件的补项为一切不是 A 的部分，其概率（$P(\text{not } A)$）或 $P(\overline{A})$ 为：

$$P(\overline{A}) = 1 - P(A) \tag{4.3}$$

例 4.1　如果抛掷两个独立的色子，样本空间（即所有可能的结果）如图 4.4 所示。事件 A 的概率（第一个骰子显示"1"）为 $P(A) = 6/36 = 1/6$，事件 B 的概率（第二个骰子显示"1"）为 $P(B) = 6/36 = 1/6$。

任何一个骰子显示"1"的概率，即 $P(A \cup B)$ 为

$$P(A \cup B) = P(A) + P(B) - P(A \cap B) = 6/36 + 6/36 - 1/36 = 11/36$$

利用式(4.2) 或样本空间的检验

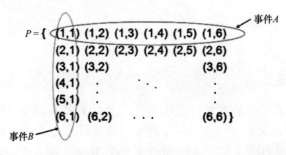

图 4.4　抛出两个骰子的样本空间，标记为事件 A（第一个骰子显示 "6"）
和 B（第二个骰子显示 "6"）

事件 A 和 B，如果满足

$$P(A \cap B) = P(A)P(B) \tag{4.4}$$

则事件 A 与事件 B 相互独立。

例如，在投掷两个骰子的时候，第二次抛掷的结果与第一次是相互独立的。

偶然事件表（见表 4.1）是用来显示（多元）两个或更多变量的频率分布，最常见的是分类变量，如性别、民族、出生地等。最右列（栏）和最底下一行的数字称为边际总量，而最右下角的数字是总计。

表 4.1　列联表

性　别	年龄（岁）			总　计
	<30	30~45	>45	
男	60	20	40	120
女	40	30	10	80
总计	100	50	50	200

假设表中的条目代表人口的一个随机样本，各种事件的概率可以从中读取或计算。例如，选择一名男性的概率 $P(M) = 120/200$，即 0.6；选择一个 30 岁以下的人的概率 $P(U)$ 是 100/200，即 0.5。选择一名 30 岁以下的女性的概率 $P(F \cap U) = 40/200$，即 0.2。这通常称之为联合概率。（注意，事件 F 和 U 是相互独立的，这样联合概率就等于个别概率的乘积，即 0.4 × 0.5。）选择一名男性或 30 岁以下人的概率 $P(M \ or \ U)$ 是 160/200，即 0.8。

4.2.2　条件概率和贝叶斯规则

条件概率是在一些其他事件 B 发生的前提下某事件 A 发生的概率。条件概率记为 $P(A \mid B)$，读作 "假设事件 B 为真时，事件 A 的概率"。条件概率可以用如图 4.3b 所示的文氏图表示。B 为真的概率为 $P(B)$，A 和 B 同时为真的概率为 $P(A\ and\ B)$，因此 B 为真时，事件 A 的条件概率为

$$P(A|B) = P(AB)/P(B) \tag{4.5a}$$

请注意，假设 A 为真时，事件 B 的条件概率为

$$P(B|A) = P(AB)/P(A) \tag{4.5b}$$

如果事件 A 和 B 是相互独立的，根据式(4.4)，式(4.5) 则会转化为

$$P(A|B) = P(A) \tag{4.6a}$$

和

$$P(B|A) = P(B) \tag{4.6b}$$

式(4.6) 可以用来作为式(4.4) 的替代来测试独立性。

一般条件概率的定义，式(4.5a) 和式(4.5b)，可以交叉相乘得到所谓的乘法规则

$$P(AB) = P(A|B)P(B) = P(B|A)P(A) \tag{4.7}$$

将右侧平行的两项做成等式再进一步操纵，重新排列得到贝叶斯规则：

$$P(A|B) = \frac{P(B|A)P(A)}{P(B)} \tag{4.8}$$

式中，$P(A|B)$ 称之为后验概率。贝叶斯规则在概率和统计理论中是最有用的关系之一。它可解释为

$$后验（概率） = \frac{可能性 \times 先验概率}{证据} \tag{4.9}$$

如果 $\{A_1, A_2, A_3, \cdots, A_n\}$ 是一组互斥的结果，同时形成了样本空间 S，$P(B)$ 对它们中的每一个是恒定不变的，因此视之为正态化常数，它保证了概率总数的一致。在一般情况下

$$P(A|B) = \frac{P(B|A)P(A)}{\sum P(B|A_i)p(A_i)} \tag{4.10}$$

在二类分割的情况下，S 由 $\{A, \bar{A}\}$ 组成

$$P(A|B) = \frac{P(B|A)P(A)}{P(B|A)P(A) + P(B|\bar{A})P(\bar{A})} \tag{4.11}$$

例 4.2 让我们做个交易

在一个游戏节目（Monty Hall's "让我们做个交易"）中，有三个封闭的门。其中一扇门后是一辆汽车，另外两个门后是山羊。参赛者挑选了一扇门，主持人 Monty 打开剩下两扇门中的一扇，结果是一头山羊。然后参赛者可以选择换一扇门。这对参赛者有利么？想一想。（这个问题引起了很多报道，据说没有其他统计问题能如此接近于总是戏弄到所有人！）

一种解释的方法如下：假如门已被标记为 1、2 和 3。假设选手选择 1 号门，

门后是车的概率为 1/3，车在 2 号或 3 号门后的概率则是剩下的 2/3。现在，Monty 知道车在哪个门的背后，于是总是打开那扇后面是山羊的门。一旦显示是山羊（在 2 号或 3 号门后），那么，汽车的概率降为零，而在另一扇门后有汽车的概率为完全的 2/3。所以，最好换到另外一扇（未打开的）门而不是 1 号门。于是赢的机会从 1/3 上升到 2/3！请注意，Monty 不是随机地打开他的门（这并不影响坚持或转换的结果）：因为他知道哪扇门后有汽车。他给选手的附加信息将先验概率（1/3）变为了后验概率（2/3），如果参赛者决定换一扇门的话。

在统计公式中，让 C = 隐藏车的门的编号，H = 主持人打开的门的编号。由于玩家一开始的选择与汽车的位置是独立的，解决方法由玩家初次选择 1 号门的条件下得到，然后：

$P(C=1) = P(C=2) = P(C=3) = 1/3$　（车是随机放置的）

主持人的策略由以下反映出：

$P(H=1|C=1) = 0$（主持人不选择已打开的门）

$P(H=1|C=1) = P(H=3|C=1) = 1/2$（如果需要的话，主持人随机行动）

$P(H=2|C=3) = 1$（主持人没有其他选择）

$P(H=3|C=2) = 1$（主持人没有其他选择）

使用贝叶斯规则，在主持人打开 3 号门之后，现在玩家会计算出在 2 号门后发现车的概率为

$$P(C=2|H=3) = \frac{P(H=3|C=2)P(C=2)}{P(H=3|C=2)P(C=2) + P(H=3|C=1)P(C=1)}$$

$$= \frac{1 \times \frac{1}{3}}{1 \times \frac{1}{3} + \frac{1}{2} \times \frac{1}{3}} = \frac{2}{3}$$

诊断测试一个人的疾病会提供一个代表性的分数，比如红细胞计数，它会与正常的或不正常（生病）的人群在测试中获得的随机样本的分数范围进行比较。如图 4.5 所示，正常和非正常人口样本的分数范围如高斯分布所示。我们想要有一个决策阈值，低于该值的人将诊断为无病，高于该值的人将诊断为患病。复杂性在于测试值的两个范围出现重叠，重叠的程度会影响测试患者诊断结果的好坏。也就是说，重叠得越多，我们的诊断越不可能明确。

决策阈值会在重叠区域，即在 min 2 和 max 1 之间。它将在得到阴性诊断（测试阴性）与得到阳性诊断（测试阳性）之间做出区别。正常人群（1）的分数分布分成两个区域，"d"（低于阈值）和"c"（高于阈值），非正常或患病人群的分数分布（2）分成"b"（低于阈值）和"a"（高于阈值）。

因此样本空间可以安排在一个关联表（见表 4.2）以表明两个事件之间的关系——事件 A（实际上患病）和事件 B（阳性结果表明患病）。

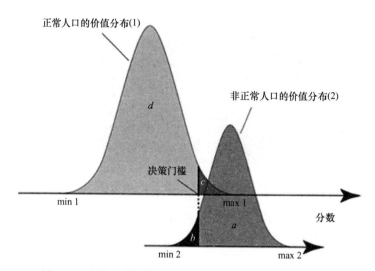

图4.5　诊断试验打分分布，（1）正常样本和（2）异常样本

表4.2　显示的诊断试验关联表（由预测列得到的实际行）

	B	$\bar{B}$
A	$a(TP)$	$b(FN)$
$\bar{A}$	$c(FP)$	$d(TN)$

　　因为测试并不是理想的，所以事件 A 和 B 并不是完全相同的。因此，一个人可能会患病，也可能不会患病，测试可能会显示他/她病，也可能不会显示他/她患病，这就有四个互相排斥的事件。区域"a"的人测试为阳性，且的确患病，他称之为真阳性（TP）。区域"b"的人测试为阴性，但他/她实际上患病，则他称之为假阴性（FN）。区域"c"的人测试为阳性但并没有患病，称之为假阳性（FP）。区域"d"的人测试为阴性并且没有患病，又称之为真阴性（TN）。一个好的测试 TP 和 TN 比较大，FP 和 FN 比较小，即两个分布重叠较少。

　　这张表可以根据概率写出来（见表4.3），其中边缘显示在外围。

表4.3　有边际概率的关联表（通过预测列得到的实际行）

实际值	预　测　值		总　　计
	B	$\bar{B}$	
A	$P(A \cap B)$	$P(A \cap \bar{B})$	$P(A)$
$\bar{A}$	$P(\bar{A} \cap B)$	$P(\bar{A} \cap \bar{B})$	$P(\bar{A})$
	$P(B)$	$P(\bar{B})$	1

对应的文氏图如图4.6所示，其中区域未按比例画出。

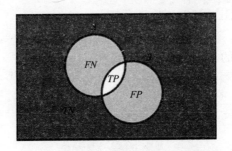

图4.6　用于诊断试验的文氏图

测试诊断值的传统方式是灵敏度［识别那些假设患病者测试的（条件）概率］和特异性［识别那些假设未患病者的测试的（条件）概率］。参考图4.5和图4.6：

$$灵敏度：P(B|A) = TP/(TP+FN) = a/(a+b) \tag{4.12}$$

$$特异性：P(\overline{B}|\overline{A}) = TN/(TN+FP) = d/(d+c) \tag{4.13}$$

式中，a、b、c和d是图4.5中的标记区域。然而，灵敏度和特异性并没有回答更多的相关临床诊断的问题。

如果检测是阳性的，那一个人患病的可能性有多大？或者，如果检测是阴性的，一个人不得病的可能性有多大？解答这些问题需要用到贝叶斯规则中的后验概率，参见式(4.8)。

例如，假设你患病，则得病的后验概率（检测阳性之后），条件概率$P(A|B)$从测试阳性的概率中获得，即灵敏度$P(B|A)$；人群中疾病的发生，即先验概率$P(A)$；测试阳性的概率，即迹象$P(B)$。这同样称之为阳性测试的预测值；从图4.5和图4.6中看到，它等于$TP/(TP+FP) = a/(a+c)$。阴性测试的预测值$P(A|B)$ 等于$TN/(TN+FN) = d/(d+b)$。

例4.3　乳腺癌筛查

参加常规乳腺癌筛查的妇女中约有1%的人患有乳腺癌。

患有乳腺癌的人中大约80%是阳性结果，9.6%没有患乳腺癌的人也是阳性结果。若一名女性得到阳性测试结果，她患有乳腺癌的概率是多少？

在所有检测的女性当中，得到阳性乳房摄影检测结果的女性和实际上患有乳腺癌的女性数量为1%的80%，即0.8%。在所有检测的女性当中，没有得乳腺癌但乳房摄影检测结果为（假）阳性的女性数量为99%的9.6%，即9.504%。因此，在所有检测的女性当中，乳房摄影检测结果为阳性的和为0.8% +9.504%，即10.304%。在这个比例当中，实际患癌症的女性明显是极少数。测试结果为阳性也的确患癌症的妇女概率$P(A|B)$ 为 0.8/10.304 =

0.076，即7.76%。

我们可以用文氏图来观察，设定人群为1000000（见图4.7），其中1%患有乳腺癌，即 $A = 1000$。现在测试阳性的80%（$TP = 800$，其余200是 FN）。现在，没有乳腺癌的人的9.6%（$FP + TN = 99000$）得到一个阳性结果（FP）：因此，FP 为9504。一名测试结果为阳性的女性实际上患癌的概率为 $TP/(TP + FP) = 7.76\%$。

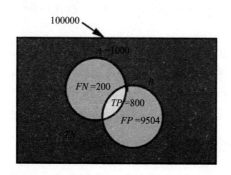

图4.7 用于乳房影像检测试验的文氏图

假设检测的灵敏度（80%）和特异性（100 - 9.6% = 90.4%）的值较大，这并不像你想象中那么糟糕。由于测试阳性后的患病概率比较低，本例中是7.76%，这有时称之为假阳性悖论。这种低概率的原因是因为疾病相对是少见的（1%）。尽管测试结果是阳性，患病的概率是很小的，但测试是有用的。通过测试阳性，患病的概率从先验概率的1%增加到后验概率的7.76%。并且后验概率 $P(A|B)$（或阳性预测值）认为是一个比测试的敏感性 $P(B|A)$ 更有用的参数。

或者，我们可以这样来解决这个问题：

A = 患有乳腺癌

B = 测试阳性

$P(A) = 0.01$

灵敏度 $P(B|A) = 0.8 P(B|\bar{A}) = 0.096$

因此，特异性 $P(\bar{B}|\bar{A}) = 1 - 0.096 = 0.904$，$P(\bar{A}) = 1 - 0.01 = 0.99$

使用 $P(A \cap B) = P(A|B)P(B)$

$P(B \cap A) = P(B|A)P(A) = 0.8 \times 0.01 = 0.008$

$P(B \cap \bar{A}) = P(B|\bar{A})P(\bar{A}) = 0.096 \times 0.99 = 0.09504$

将这些值填入列联表（表4.3）得到：

实际值	预 测 值		总 计
	B	$\bar{B}$	
A	0.00800	0.00200	0.01000
$\bar{A}$	0.09504	0.89496	0.99000
	0.10304	0.89696	1.00000

患乳腺癌的后验概率 $= P(A|B) = P(A \cap B)/P(B) = 0.008/0.10304 = 0.07764 = 7.76\%$

给出测试的灵敏度和特异性以及疾病的先验概率（公式化Ⅰ）或关联表（公式化Ⅱ），Excel 文件 CondProb. xls（可以从 http://extras. springer. com 下载）发现阳性测试的后验（或预测）概率 $P(A|B)$ 和阴性测试（NPV）的后验（或预测）概率 $P(A|B)$。尝试使用这个文件来求解例4.3，特别注意单元公式。

4.2.3 朴素贝叶斯分类器

朴素贝叶斯分类器是一种基于应用贝叶斯规则的简单概率分类器，要求假设特征 $(f_1, f_2, f_3, \cdots, f_n)$ 是独立的。

贝叶斯分类器的规则式（4.8）可以写为

$$P(C|f_1, f_2, f_3, \cdots, f_n) = \frac{P(C)P(f_1, f_2, f_3, \cdots, f_n | C)}{P(f_1, f_2, f_3, \cdots, f_n)} \quad (4.14)$$

式中，类别 C 的多特征 $(f_1, f_2, f_3, \cdots, f_n)$ 是相互依赖的。分母是一个常数，用于正则化概率，使它们的和为1：它不依赖于 C，并且可以在分类中有效地加以忽略。

如果特征都是独立的（朴素贝叶斯分类器的假设），那么项 $P(f_1, f_2, f_3, \cdots, f_n | C)$ 可以改写为组件概率的一个乘积值 [就像式(4.4)]，后验概率就为

$$P(C|f_1, f_2, f_3, \cdots, f_n) = \frac{P(C)P(f_1, f_2, f_3, \cdots, f_n | C)}{P(f_1, f_2, f_3, \cdots, f_n)} \quad (4.15)$$

使用这个公式，朴素贝叶斯分类器就用后验（MAP）概率的最大值将一个测试样本分配到类中。

尽管独立性假设通常是不准确的，但朴素贝叶斯分类器在许多现实问题却运行良好。类的条件特征分布的分离意味着每个分布可以独立估计为一维分布。这反过来有助于缓和从维数诅咒带来的问题 [在下一部分，我们只需要确定每个类的特征的方差而不是协方差（因为特征是密不可分的）] 像 MAP 决策规则下的所有概率分类器，只要正确的类比其他类更有可能，它就达到了正确的分类。因此，类的概率不能很好地估计。换句话说，整体分类器是强大的，它足

以忽略基础随机概率模型不足而带来的问题。

电子邮件的贝叶斯垃圾邮件过滤采用（朴素）贝叶斯分类器来识别垃圾邮件。贝叶斯垃圾邮件过滤可以根据个人用户对电子邮件的需要而裁剪，并且给出较低的假阳性垃圾邮件检测率，这样一般的使用者都可以接受。在垃圾邮件和正当的邮件中，特定的词有特定的发生概率（如单词"Viagra"）。分类器事先不知道这些概率，首先必须经过训练，它才可以建立起来。为了训练分类器，用户必须手动指出新的电子邮件是否是垃圾邮件。对于每一个训练电子邮件中的所有词，分类器会调整数据库中每一个词出现在垃圾邮件或正当邮件中的概率。训练结束后，词的概率可用来计算电子邮件中属于每一个类别的一组特定词的概率。使用贝叶斯规则：

$$P(S \mid W) = \frac{P(W \mid S)P(S)}{P(W \mid S)P(S) + P(W \mid \bar{S})P(\bar{S})} \tag{4.16}$$

式中，$P(S \mid W)$ 为信息是垃圾邮件的概率，给定其中一个特定的词，其他项有其通常意义。最近的统计数据显示，任何邮箱中的垃圾邮件概率超过了80%，但大多数贝叶斯垃圾邮件检测程序显示垃圾邮件和非垃圾邮件的概率相等，两者均为50%。这样的分类器设计是合理的。信息中的每个词都对垃圾邮件的概率是有影响的，这样的话电子邮件中所有词的（后验）概率可计算出来。分类器使得信息中出现的词的单纯假设是独立的，参见式(4.4)，因此

$$P = \frac{P_1 P_2 \cdots P_N}{P_1 P_2 \cdots P_N + (1 - P_1)(1 - P_2) \cdots (1 - P_N)} \tag{4.17}$$

在这个假设下，它就是单纯贝叶斯分类器。如果总的垃圾邮件的概率超过一定阈值（如95%），分类器便会将该邮件标记为垃圾邮件。

4.3　连续随机变量

由于测试具有不确定性，它可以比作一个实验（如摇骰子），其结果是事先不知道的。将数字与随机试验的结果相关联的变量称之为一个随机变量。由于它的随机性，我们可以给变量可能的值（事件）分配一个概率。如果一个随机值可以假定为任意值，而不只是某些离散值，就称为一个连续的随机变量。

如果 x 是一个连续的随机变量，那么 x 的概率密度函数（PDF）是函数 $f(x)$，赋值在 $x = x_1$ 和 $x = x_2$ 之间的 X 的概率是

$$P(x_1 \leqslant X \leqslant x_2) = \int_a^b f(x) \, dx \tag{4.18}$$

即 PDF 曲线下面从 x_1 到 x_2 的区域（见图4.8）。曲线下的总面积等于1（即确定）。随机变量 x 的累积分布函数（CDF）是函数 $F(x)$，对于数字 x 函

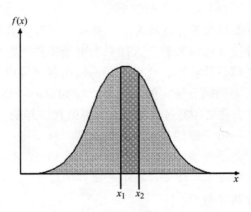

$f(x)$

x_1 x_2

x

图 4.8 概率函数 $f(x)$

数定义为

$$F(x) = P(X \leqslant x) = \int_0^x f(u)\,\mathrm{d}u \qquad (4.19)$$

即对于数字 x，$F(x)$ 是观测值在最大值 x 时的概率。

PDF 和 CDF 之间的数学关系为

$$F(x) = \int_0^x f(s)\,\mathrm{d}s \qquad (4.20)$$

式中，s 是一个虚拟变量。

即 CDF 是 PDF 的积分。相反地，有

$$f(x) = -\frac{\mathrm{d}(F(x))}{\mathrm{d}x} \qquad (4.21)$$

即 PDF 是 CDF 的微分（见图 4.9）。

一个众所周知的 PDF 例子是正态（高斯分布）分布（见图 4.9），该 PDF 由下式给出：

$$f(x) = \frac{1}{\sqrt{2\pi\sigma^2}}\mathrm{e}^{-\frac{(x-\mu)^2}{2\sigma^2}} \qquad (4.22)$$

式中，μ 是均值或期望值，x 的数学期望表示为 $E[x]$，正态分布通常是指 $N(\mu, \sigma^2)$。对于随机变量，数学期望是这个随机变量可以赋予的所有可能值的加权平均数。权重可用于计算在离散随机变量的情况下，符合概率（p_i）的平均值，或在连续随机变量的情况下，符合概率密度的平均值，即

$$\mu = E[X] = \sum_{i=1}^N x_i p_i \qquad (4.23\mathrm{a})$$

或

$$\mu = E[X] = \int_{-\infty}^{+\infty} x f(x)\,\mathrm{d}x \qquad (4.23\mathrm{b})$$

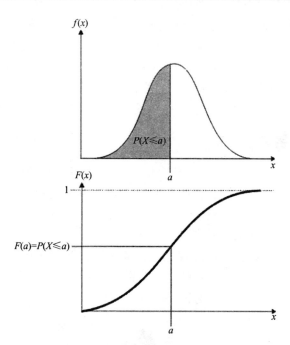

图 4.9 上图表示 PDF（概率密度函数），下图表示 CDF（累积密度函数）

σ^2 或者 $\mathrm{var}[x]$ 是 x 的方差，对于离散变量为

$$\sigma^2 = E[(X - \mu)^2] = \sum_{i=1}^{N} (x_i - \mu)^2 p_i \qquad (4.24\mathrm{a})$$

对于连续变量为

$$\sigma^2 = E[(X - \mu)^2] = \int_{-\infty}^{+\infty} (x_i - \mu)^2 f(x)\,\mathrm{d}x \qquad (4.24\mathrm{b})$$

标准差 σ（或者 $SD[x]$）是方差的平方根。对于一个正态（高斯分布）分布，大约 68% 的数据值在距离平均值的标准差范围之内，约 95% 在两个标准差之内（见图 4.10）。

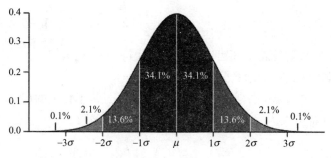

图 4.10 正态（或高斯分布）分布函数

正态/高斯分布便于使用，因为参数 μ 和 σ 都足够独特地表征它。正态分布是用来描述测量问题时使用最广泛的一种概率分布。它作为中心极限定理产生的结果是在平稳条件下，大量的随机变量的总和近似地看作正态分布。例如，通过正态分布，大量相同的骰子滚动的数字的总和（或平均值）的分布非常近似。可以证明，对于给定均值和方差的所有分布，高斯分布具有最大熵值（随机性）。

4.3.1 多变量高斯分布

多元正态/高斯分布是一维（单变量）正态/高斯分布到更高维数 n 的扩展。

如果随机变量的所有组成变量的线性组合具有单变量正态分布，则随机变量是多变量正态分布的。多变量正态分布通常用来描述一组（可能地）相关的聚集在平均值周围的实值随机变量。

与式（4.22）相比，X 和 μ 现在是维度 n 的矢量，方差（σ^2）已经被协方差矩阵 Σ 取代。注意 Σ 作为协方差矩阵的符号来使用，不要与求和符号混淆！图 4.11 所示为一个二维变量的正态/高斯分布。

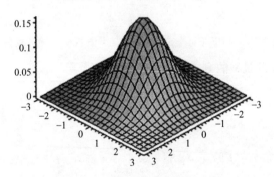

图 4.11　二维变量正态/高斯分布

多变量高斯分布公式是对一维高斯分布公式［见式（4.22）］的推广，注意形式的相似性，以及协方差矩阵 Σ 如何取代方差 σ^2：

$$f(X) = \frac{1}{(2\pi)^{n/2} |\Sigma|^{1/2}} \exp\left[-\frac{1}{2}(X-\mu)^{\mathrm{T}} \Sigma^{-1}(X-\mu) \right] \quad (4.25)$$

式中，T 表示转置运算符，还可以用它的替代符号 $\mathrm{N}(x;\mu,\Sigma)$。

例 4.4　二维高斯分布的因式分解

对于一个二维正态/高斯分布，其中变量（特征）是不相关的（意即协方差项为零），表明该分布可以因式分解为两个一维高斯分布函数。

$$X = \begin{pmatrix} x_1 \\ x_2 \end{pmatrix} \quad \mu = \begin{pmatrix} \mu_1 \\ \mu_2 \end{pmatrix} \quad \Sigma = \begin{pmatrix} \sigma_1^2 & 0 \\ 0 & \sigma_2^2 \end{pmatrix}$$

$$p(x:\mu,\Sigma)=\frac{1}{2\pi\begin{vmatrix}\sigma_1^2 & 0\\ 0 & \sigma_2^2\end{vmatrix}^{\frac{1}{2}}}\exp\left(-\frac{1}{2}\begin{pmatrix}x_1-\mu_1\\ x_2-\mu_2\end{pmatrix}^{\mathrm{T}}\begin{pmatrix}\sigma_1^2 & 0\\ 0 & \sigma_2^2\end{pmatrix}^{-1}\begin{pmatrix}x_1-\mu_1\\ x_2-\mu_2\end{pmatrix}\right)$$

$$=\frac{1}{2\pi(\sigma_1^2\times\sigma_2^2-0\times0)^{\frac{1}{2}}}\exp\left(-\frac{1}{2}\begin{pmatrix}x_1-\mu_1\\ x_2-\mu_2\end{pmatrix}^{\mathrm{T}}\begin{pmatrix}\dfrac{1}{\sigma_1^2} & 0\\ 0 & \dfrac{1}{\sigma_2^2}\end{pmatrix}\begin{pmatrix}x_1-\mu_1\\ x_2-\mu_2\end{pmatrix}\right)$$

$$=\frac{1}{2\pi\sigma_1\sigma_2}\exp\left(-\frac{1}{2}\begin{pmatrix}x_1-\mu_1\\ x_2-\mu_2\end{pmatrix}^{\mathrm{T}}\begin{pmatrix}\dfrac{1}{\sigma_1^2}(x_1-\mu_1)\\ \dfrac{1}{\sigma_2^2}(x_2-\mu_2)\end{pmatrix}\right)$$

$$=\frac{1}{2\pi\sigma_1\sigma_2}\exp\left[-\frac{1}{2\sigma_1^2}(x_1-\mu_1)^2-\frac{1}{2\sigma_2^2}(x_2-\mu_2)^2\right]$$

$$=\frac{1}{\sqrt{2\pi}\sigma_1}\exp\left[-\frac{1}{2\sigma_1^2}(x_1-\mu_1)^2\right]\times\frac{1}{\sqrt{2\pi}\sigma_2}\exp\left[-\frac{1}{2\sigma_2^2}(x_2-\mu_2)^2\right]$$

这表明，对于不相关的变量，二维高斯分布可以因式分解为两个一维高斯分布函数。（这也适用于更多数量的变量）

4.3.2 协方差矩阵

方差是测量一个分布与其均值差异多少的方法。协方差是测量两个随机变量（如 X_1 和 X_2）之间相似性的方法，即关于彼此是如何有差异的。如果没有相似之处，则它们是独立的。相似性非常强大以至于知道其中一个在没有任何不确定性的情况下可以决定另一个。或者相似性介于两者之间，知道其中一个变量便减少了另外一个所赋予的值的不确定性。对于一对随机变量 X_1 和 X_2，它们的协方差定义为

$$\sigma_{12}^2=\mathrm{Cov}(X_1,X_2)=E[(X_1-\mu_1)(X_2-\mu_2)] \tag{4.26}$$

式中，μ_1 和 μ_2 是它们各自的均值（或期望值 $E[X_1]$ 和 $E[X_2]$）。

在 $x_1=x_2$ 的情况下，协方差等于方差

$$\sigma_1^2=\mathrm{Cov}(X_1,X_1)=E[(X_1-\mu_1)(X_1-\mu_2)] \tag{4.27}$$

当求解多个变量时，协方差矩阵提供了一个简洁的方式来总结每一对变量的协方差。特别是，协方差矩阵 Σ 是 $n\times n$ 的矩阵，它的 (i,j) 元素为 $\mathrm{Cov}(x_i,x_j)$，通过定义，它是正方形且对称的。

在三个随机变量（即特征）的情况下，协方差矩阵是

$$\Sigma=\begin{pmatrix}\mathrm{Cov}(X_1,X_1) & \mathrm{Cov}(X_1,X_2) & \mathrm{Cov}(X_1,X_3)\\ \mathrm{Cov}(X_2,X_1) & \mathrm{Cov}(X_2,X_2) & \mathrm{Cov}(X_2,X_3)\\ \mathrm{Cov}(X_3,X_1) & \mathrm{Cov}(X_3,X_2) & \mathrm{Cov}(X_3,X_3)\end{pmatrix} \tag{4.28}$$

式中，在主对角线上的项为方差 σ_1^2、σ_2^2 和 σ_3^2，不在对角线上的项是成对变量之间的协方差 σ_{ij}^2，即

$$\boldsymbol{\Sigma} = \begin{pmatrix} \sigma_1^2 & \sigma_{1,2}^2 & \sigma_{1,3}^2 \\ \sigma_{2,1}^2 & \sigma_2^2 & \sigma_{2,3}^2 \\ \sigma_{3,1}^2 & \sigma_{3,2}^2 & \sigma_3^2 \end{pmatrix} \tag{4.29}$$

例 4.5 三个特征 X_1、X_2 和 X_3 的五次测量（观察），得到特征矢量为

	X_1	X_2	X_3
	4.0	2.0	0.6
	4.2	2.1	0.59
X	3.9	2.0	0.58
	4.3	2.1	0.62
	4.1	2.2	0.63

平均值由 $\boldsymbol{\mu} = |4.10 \ 2.08 \ 0.604|$ 得到

协方差矩阵为

$$\boldsymbol{\Sigma} = \begin{pmatrix} 0.025 & 0.0075 & 0.00175 \\ 0.0075 & 0.0070 & 0.00135 \\ 0.00175 & 0.00135 & 0.0043 \end{pmatrix}$$

矩阵第一行中，0.025 是 X_1 的方差，0.0075 是 X_1 和 X_2 之间的协方差，0.00175 是 X_1 和 X_3 之间的协方差等。

协方差矩阵中个别项的计算是很巧妙的。方差由式（4.24a）计算得到。它是偏差的平方的平均值，然而我们并不知道人口的平均数，所以不得不使用样本值来计算 $\bar{x}$，然后再使用样本值来计算方差。这使得结果出现偏差，这个偏差可以通过除以偏差的平方的平均值时使用"$n-1$"代替"n"来移除（"$n-1$"在统计学中称为"自由度"）。

$$\boldsymbol{\Sigma} = -\sigma_1\sigma_2 \quad \boldsymbol{\Sigma} = -0.5\sigma_1\sigma_2 \quad \boldsymbol{\Sigma} = 0 \quad \boldsymbol{\Sigma} = +0.5\sigma_1\sigma_2 \quad \boldsymbol{\Sigma} = +\sigma_1\sigma_2$$

$$\rho_{1,2} = -1 \quad \rho_{1,2} = -0.5 \quad \rho_{1,2} = 0 \quad \rho_{1,2} = +0.5 \quad \rho_{1,2} = +1$$

在实践中，如果我们除以 n 或 $n-1$，结果没有太大的差别，只要 n 足够大（即我们的数据量是合理的，通常取 $n > 10$）。然而，在这个例子中，n 仅为 5，结果就有差别：你需要除以 4（即 $n-1$）来得到方差（或协方差）的值，如上所示。

协方差矩阵可以因式分解成

$$\boldsymbol{\Sigma} = \boldsymbol{\Gamma R \Gamma} = \begin{pmatrix} \sigma_1 & 0 & \cdots & 0 \\ 0 & \sigma_2 & \cdots & 0 \\ \vdots & & & \vdots \\ 0 & 0 & \cdots & \sigma_n \end{pmatrix} \begin{pmatrix} 1 & \rho_{12} & \cdots & \rho_{1n} \\ \rho_{21} & 1 & \cdots & \rho_{2n} \\ \cdots & \cdots & \cdots & \cdots \\ \rho_{n1} & \vdots & \cdots & 1 \end{pmatrix} \begin{pmatrix} \sigma_1 & 0 & \cdots & 0 \\ 0 & \sigma_2 & \cdots & 0 \\ \vdots & & & \vdots \\ 0 & 0 & \cdots & \sigma_n \end{pmatrix} \tag{4.30}$$

这很方便，因为对角矩阵 $\boldsymbol{\Gamma}$ 包含了特征的数值范围，$\boldsymbol{R}$ 保留了特征之间关系的重要信息，$\boldsymbol{R}$ 称为关系矩阵。关系矩阵的个别项是成对变量/特征之间的（Pearson）相关系数，它等于由标准差测得的协方差，即

$$\rho_{ij} = \frac{\text{Cov}(X_i, X_j)}{\sigma_i \sigma_j} \quad \left(\text{或} \frac{\sigma_{ij}}{\sigma_i \sigma_j}\right) \tag{4.31}$$

因此，两个随机变量之间的相关性仅仅是相应的标准化随机变量的协方差 $Z = [X - E(X)]/SD[X]$ 或者 $(X - \mu)/\sigma$。

协方差和相关性（系数）两者都描述了两个随机变量之间的相似程度（假设是一个线性关联）。由于测量的原因，相关系数是无因次的，假定值在 -1 和 +1 之间（见图 4.12）。数据点越分散，相关系数的值越低。注意，虽然最匹配的直线已包括在图中，相关性却并不依赖其倾斜度。

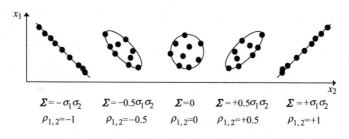

图 4.12　不同数据集的协方差和相关系数

顺便应该注意到，相关系数的平方 r^2，称之为 r 平方或确定性系数，给出了可通过其他变量得到预测的一个变量的方差（波动）比例。例如，如果身高和体重之间测量的相关性是 $r = 0.70$，那么确定性系数为 0.49。因此，体重的 49% 是通过身高获取价值的，反之亦然。

我们已经区分了 r 和 ρ，r 是从有限的样本集合中成对的 X_i，Y_i 计算得到的相关系数，ρ 是从大样本集合中成对的 X 和 Y 计算得到的。有可能会意外地出现这样的情况，在样本中获得外表令人印象深刻的 r 值，但其实在大样本集合的 X 和 Y 之间的相关性为零，这种情况在样本总量很小的时候是有可能出现的。需要提出一个定值或 r 的统计意义的问题（对一个特定的样本大小 N），即我们有什么信心保证在取样中一个特定的观测到的相关值并不是机会或巧合的结果，统计意义按照惯例设定在 5% 的水平。也就是说，观察的结果认为有统计意义——并不仅仅是侥幸的事情——仅当它有 5% 或者更小的偶然发生的可能性。否则，它认为无统计意义。图 4.13 画出了不同大小样本的统计意义（在 5% 的水平）所需的 r 值。在一个方向假设中，所期望的关系呈现正相关或负相关；在非方向性假设中，两种相关类型都是可接受的。

回到二维高斯分布，我们应该看到，如果 $\boldsymbol{\Sigma}$ 是对角线分布的，则变量是不

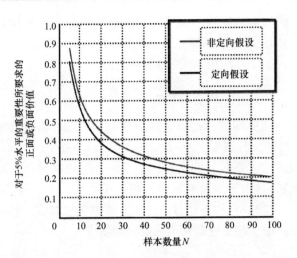

图4.13 对于大小从 $N=5$ 到 $N=100$ 的样本,具有统计意义的在5%水平时所需的 r 值大小

相关的。如果 **Σ** 是单位矩阵的倍数,则高斯分布〔以中值 (μ_1, μ_2) 为中心,在不同的高度/概率通过高斯分布的部分〕的等高线是圆形的。改变协方差矩阵在对角线上的值同时给出一个更窄或更宽的高斯分布(见图4.14)。

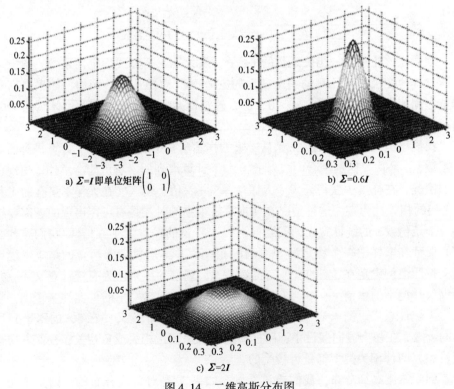

图4.14 二维高斯分布图

如果协方差矩阵沿对角线的值不相等，那么高斯分布的等高线是椭圆形的，会以更大的方差沿着特征轴延长（见图4.15）。

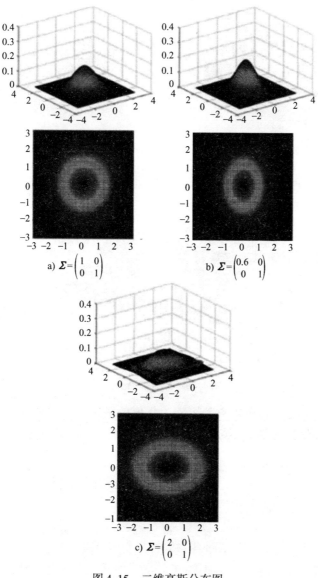

图4.15 二维高斯分布图

如果在协方差矩阵中有非对角线的元素，那么特征值是相关的（即不是独立的）。$\boldsymbol{\Sigma}$之内较大的非对角线元素反映了变量（特征）之间较强的相关性（见图4.16）。高斯分布的等高线呈椭圆形，但不与特征轴在一条线上。在主成分分析法中，协方差矩阵沿对角线移动以清除非对角线的相关元素。

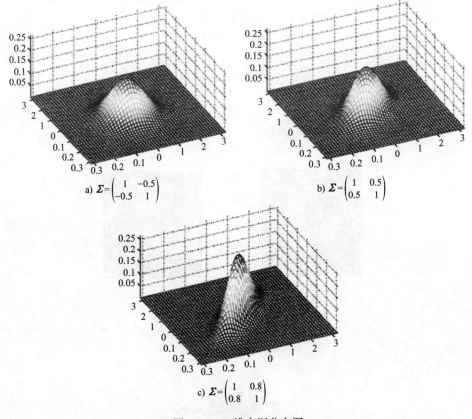

图 4.16 二维高斯分布图

考虑一下具有对角线协方差矩阵为零值的随机向量的情况。等高线是通过计算指数为常数值的曲线得到的，即对于一些常数来讲

$$X^{\mathrm{T}}\boldsymbol{\Sigma}^{-1}X = (x_1, \ x_2) \begin{pmatrix} 1/\sigma_1^2 & 0 \\ 0 & 1/\sigma_2^2 \end{pmatrix} \begin{pmatrix} x_1 \\ x_2 \end{pmatrix} = C \qquad (4.32)$$

$$或者 \frac{x_1^2}{\sigma_1^2} + \frac{x_2^2}{\sigma_2^2} = C \qquad (4.33)$$

这是椭圆的方程式，其轴是通过各自的特征变量所决定的。

如果在方差矩阵中有非零的非对角线元素（见图 4.16b、c 和图 4.17），椭圆会沿着相关的特征轴旋转，旋转的角度取决于协方差矩阵的特征向量或特征值。

协方差矩阵通过使用它们的方差和协方差来描述样本点的形状和方向。如果样本的分布是多维正态（即多变量高斯分布）的，那么协方差矩阵完全详细地说明了分布（除了均值的位置）和它的等值线是围绕在质心分布的椭圆。

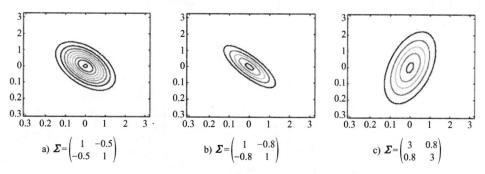

a) $\Sigma = \begin{pmatrix} 1 & -0.5 \\ -0.5 & 1 \end{pmatrix}$ b) $\Sigma = \begin{pmatrix} 1 & -0.8 \\ -0.8 & 1 \end{pmatrix}$ c) $\Sigma = \begin{pmatrix} 3 & 0.8 \\ 0.8 & 3 \end{pmatrix}$

图 4.17　二维高斯分布等值线图

图 4.18 显示了距离均值（在任何方向）一个标准差的样本值的二元高斯分布的等高线。椭圆的长轴（x'）是方向，这样样本数据在x'上的映射具有更大可能的方差。从直觉上讲，样本在这个方向比其他任何方向延伸得更长。在主成分分析法（PCA）中，x'称为样本的第一主成分。椭圆的短轴y'（样本的第二主成分）定义为x'的正交轴。正是由于方向，映射的样本才有了可能的最小方差。

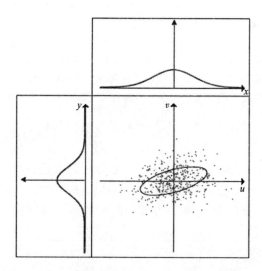

图 4.18　两变量高斯分布，一个变量（绿色）的方差是另一个变量（蓝色）的1.6倍，这两个高斯变量之间的相关系数为0.3

协方差矩阵的对角化相当于将等值线旋转到新的轴线对应于新的特征（x'，y'），它是原始特征（见图 4.19）的线性组合。对角线上的元素是样本点在x'和y'轴线上映射的方差。第一个值就是样本点在任意轴上映射的最大可能的方差（注意，它比原始协方差矩阵的任何方差都大）。在 PCA 中，这个值是（原始）协方差矩阵的第一特征值。这个椭圆的长轴的一半长度是第一特征值的平方根。

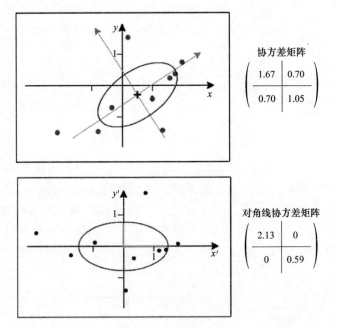

协方差矩阵

$$\left(\begin{array}{c|c} 1.67 & 0.70 \\ \hline 0.70 & 1.05 \end{array}\right)$$

对角线协方差矩阵

$$\left(\begin{array}{c|c} 2.13 & 0 \\ \hline 0 & 0.59 \end{array}\right)$$

图 4.19　显示了对角化之前（上图）和之后（下图）二变量高斯分布的协方差矩阵及其对应的等高线。蓝色椭圆代表从均值得到的标准差，橙色线（椭圆半轴长度）是协方差矩阵特征值的平方根

第二个值（第二特征值）是任意轴上样本映射的最小可能方差，它的平方根给出了椭圆短轴的一半长度。在（原始）协方差矩阵中两个变量的总和等于对角化协方差矩阵中变量的总和。即一个平方矩阵的迹在统一的正交结构的变化下是不变的。两个非对角元素均为零，当然，这表明新的变量 x' 和 y' 具有零协方差，因此是不相关的，即 x 在协方差矩阵的特征向量上的映射是不相关的随机变量。

由于对角化旋转和移动了椭圆形等值线，因此它们现在以数据点的质心为中心。

概率分布的方差类似于沿着相对于质量分布的经典力学中的惯性力矩。

例 4.6　特征值和特征向量

找到矩阵 $A = \begin{pmatrix} 5 & 3 \\ 3 & 5 \end{pmatrix}$ 的特征值和相应的特征向量。

（注意，这是一个真实的对称矩阵，即 $A = A^{\mathrm{T}}$，典型的协方差矩阵）。

在等式 $Ax = \lambda x$ 中，x 是 A 的特征向量，λ 是对应的特征值。我们可以把它

重新写为 $Ax = \lambda IX$，其中 I 是单位矩阵，或者 $(\lambda I - A)x = 0$。

对于将 λ 作为特征值，这个等式必须有一个非零解：当 $\det(\lambda_i - A) = 0$ 时，称为 A 的特征等式。

$$\det(\lambda I - A) = \begin{vmatrix} \lambda - 5 & -3 \\ -3 & \lambda - 5 \end{vmatrix} = 0$$

$$\lambda^2 - 10\lambda + 16 = 0$$

$$(\lambda - 2)(\lambda - 8) = 0$$

因此，A 的特征值是 $\lambda_1 = 2$，$\lambda_2 = 8$。

将 $\lambda_1 = 2$ 代入 $Ax = \lambda x$

$$\begin{pmatrix} 5 & 3 \\ 3 & 5 \end{pmatrix} \begin{pmatrix} x_1 \\ x_2 \end{pmatrix} = 2 \begin{pmatrix} x_1 \\ x_2 \end{pmatrix}$$

得到 $3x_1 + 3x_2 = 0$。

由此可以推断对应的特征向量 $e_1 = \begin{pmatrix} 1 \\ -1 \end{pmatrix}$。

同样的方式，对于特征值 $\lambda_2 = 8$，我们从 $e_2 = \begin{pmatrix} 1 \\ 1 \end{pmatrix}$ 得到 $-3x_1 + 3x_2 = 0$。

特征向量是正交的（仅发生于一个真实的对称矩阵），在这种情况下，它从原始轴旋转 $\pi/4$ 个弧度。在这些新方向下的坐标系中等值线将是椭圆的，符合一个标准差的椭圆方程为

$$\frac{u^2}{8^2} + \frac{v^2}{2^2} = 1$$

有时将任意多变量分布（即椭圆体的等值线）转换到一个球形等值线的分布中是很方便的，这种转换称为标准化转换。在预处理过程中这样可以达到将数据规范化或标准化相同的结果（零均值和单位方差）。

4.3.3 马氏距离

马氏距离是欧氏距离的一个推广。当变量有不同的数值范围并且相关时，这是一个比较合适的测量方式，但仍然与高斯分布近似。两个对象 D 在特征空间中的马氏距离为

$$D_m(x, y) = \mathrm{sqrt}\left[(x - y)\Sigma^{-1}(x - y)^T\right] \tag{4.34}$$

式中，Σ^{-1} 是数据的协方差矩阵的逆。计算马氏距离的二次方是很常见的，这出现在多变量高斯分布的指数中 [见式(4.23)]。因此，多变量高斯分布的等值线是恒定的马氏距离的椭圆体。

考虑一下要估计属于一个类（标记的）的 N 维特征空间中测试数据点的概率问题。第一步是找到样本点 μ 的质心或平均值。从直觉上讲，问题中的点越

接近质量中心，越有可能属于同一类。然而，我们还需要知道类是分散在一个大范围内还是小范围内，这样可以决定源自中心的给定距离是否有意义。简单的方法便是估计类分布的宽度（即到质心的样本点距离的标准偏差）。如果测试点到质心之间的距离小于一个标准差，我们可以得出结论认为测试点非常可能属于这个类；如果相差越远，测试点越不可能归为它所属的类。

通过采用归一化距离，这种直觉的方法可以使其与尺度保持无关，即 $(x-\mu)/\sigma$，然而，这要假定样本点以一个球形方式分布在质心周围。对于一个多变量的高斯分布就不是这样的——等值线是椭圆（二维）的或椭圆体（三维）的，属于类的测试点的概率不仅取决于离质心的距离，而且还取决于方向。在

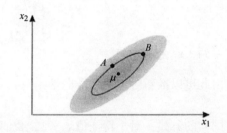

图 4.20 从质心 μ 马氏距离相同的两个点 A 和 B

这些方向中，椭圆体有短轴，测试点一定更近，而那些轴比较长的，测试点一定离得更远。等值线可以通过构建样本的协方差矩阵得到估计。马氏距离就是测试点到质心的距离，通过在测试点方向上椭圆的宽度得到归一化（即划分）。图 4.20 显示了在特征空间中，在相同的马氏距离中到分布中心的两个点，它们马氏距离的二次方是

$$D_{\mathrm{m}}^2 = (x-\mu)\Sigma^{-1}(x-\mu)^{\mathrm{T}} \tag{4.35}$$

如果协方差矩阵是对角矩阵，则马氏距离可约简到归一化的欧氏距离；如果协方差矩阵是单位矩阵，则马氏距离可约简到（标准）欧氏距离。

马氏距离广泛使用于监督分类技术 [例如，Fisher 的线性判别分析（LDA），参见 7.3.2 部分] 和聚类分析（见第 8 章）。一个测试点就分类到马氏距离最小的那一类。

例 4.7 在一个由两类、两特征构成的分类任务中，特征向量通过相同的协方差的两个正态分布描述为

$$\Sigma = \begin{pmatrix} 1.1 & 0.3 \\ 0.3 & 1.9 \end{pmatrix}$$

均值向量分别是 $\mu_1 = (0,0)^{\mathrm{T}}$，$\mu_2 = (3,3)^{\mathrm{T}}$

1）将向量 $(1.0, 2.2)^{\mathrm{T}}$ 进行分类。

从两个均值中计算马氏距离

$$D_{\mathrm{m}}^2(\mu_1, x) = (x-\mu_1)^{\mathrm{T}}\Sigma^{-1}(x-\mu_1) = (1.0, 2.2)\begin{pmatrix} 0.95 & -0.15 \\ -0.15 & 0.55 \end{pmatrix}\begin{pmatrix} 1.0 \\ 2.2 \end{pmatrix} = 2.952$$

$$D_{\mathrm{m}}^2(\mu_2, x) = (x-\mu_2)^{\mathrm{T}}\Sigma^{-1}(x-\mu_2) = (-0.2, -0.8)\begin{pmatrix} 0.95 & -0.15 \\ -0.15 & 0.55 \end{pmatrix}\begin{pmatrix} -2.0 \\ -0.8 \end{pmatrix} = 3.672$$

向量分配到类 1 中，因为它更接近于 $\boldsymbol{\mu}_1$。（注意，如果采用欧氏距离，则其更接近 $\boldsymbol{\mu}_2$。）

2）计算以 $(0，0)^T$ 为中心的椭圆的主轴，它符合距离中心恒定的马氏距离 $D_M = \sqrt{2.952}$。

计算 $\boldsymbol{\Sigma}$ 的特征值

$$\det\ (\lambda I - Z)\ \begin{vmatrix} 1.1 - \lambda & 0.3 \\ 0.3 & 1.9 - \lambda \end{vmatrix} = \lambda^2 - 3\lambda + 2 = 0$$

得出 $\lambda_1 = 1$ 和 $\lambda_2 = 2$。将这些值代回到特征方程中，得到单位标准特征向量

$$\begin{pmatrix} 3/\sqrt{10} \\ -1/\sqrt{10} \end{pmatrix} 和 \begin{pmatrix} 1/\sqrt{10} \\ 3/\sqrt{10} \end{pmatrix}$$

特征向量给出了等值线的轴线（注意，它们是相互正交的），轴的半长度与对应特征值的平方根是成比例的。

主轴的长度是 3.436（即 $2 \times \sqrt{2.952}$）和 4.860（即 $\sqrt{2} \times$ 较短的轴）。

马氏距离也可以用来检测异常值，作为样本与其余样本具有比平均值意义更大的马氏距离。

图 4.21 中，红色正方形围起来的样本点显然不属于其他样本点显示出的分布。对异常值的单变量测试无法检测到它是异常的。虽然有很多样本点具有特征 1 和特征 2 更多的极值，这个样本点的马氏距离将大于其他任意点。

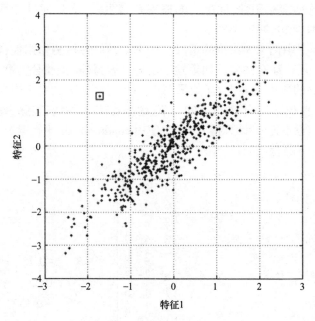

图 4.21 多变量离群点实例

马氏距离可以通过测量各自中心之间的距离来测量两个类之间的间隔（即它们的差异），每个类可能有不同的样本数量。对于具有相同协方差矩阵的两个类，马氏距离是 $D_m(1,2) = (\mu_1 - \mu_2)^T \Sigma^{-1} (\mu_1 - \mu_2)$。马氏距离大于 3（即两个中心相差超过三个标准差）表明两个类之间的重叠度很小。

4.4 练习

1. 同时投掷三枚硬币,出现两个正面朝上的概率是多少?

2. (1)投掷三个骰子,至少获得一个"6"的概率是多少? (2)单个骰子投掷四次,至少获得一个"6"的概率是多少? (3)一对骰子投掷 24 次,至少获得一次双"6"的概率是多少?

3. 考虑两个孩子的家庭,假设已知其中一个孩子是男孩,那么两个孩子都是男孩的概率是多少?

4. 有两个饼干罐,罐 1 包含两个巧克力饼干和一个普通饼干,罐 2 包含一个巧克力饼干和一个普通饼干。如果弗莱德闭上眼随机选择一个罐子,然后从罐子里随机选择一个饼干,那么他选择到一块巧克力饼干的概率是多少? 如果先选择罐 1,那么概率是多少?

5. 假设一种罕见的疾病,每 1000 人中影响到 1 人,即先验概率是 1/1000。假设有一个很好的但不是完美的患病试验。对于一个患病的人,检测结果呈阳性为 99%（敏感性 = 0.99）,对于一个未患病的人,检测结果呈阴性为 98%（特异性 = 0.98）。现在你检测呈阳性,你患病的概率是多少? （尝试通过计算得到,然后使用 condprob. xls 来检验）。

6. 考虑本书中例 4.3 讨论的情况。问题中的女性检测呈阳性,她患乳腺癌的后验概率计算出来为 7.76%。如果她决定再去做另外一个测试,第二次检测呈阳性,她患乳腺癌的概率是多少? （如果第三、第四、第五次试验呈阳性,那么相应的概率是多少? 当然,这是不太可能的情节,她每次拍 X 射线,实际上都会引发后续的癌症风险。）（尝试通过计算得到,然后使用 condprob. xls 来检验）。

7. 考虑以下的特征矢量:

$$x = \begin{pmatrix} 7 & 4 & 3 \\ 4 & 1 & 8 \\ 6 & 3 & 5 \\ 8 & 6 & 1 \\ 8 & 5 & 7 \\ 7 & 2 & 9 \\ 8 & 2 & 2 \\ 7 & 4 & 5 \\ 9 & 5 & 8 \\ 5 & 3 & 3 \end{pmatrix}$$

表示对象的三个特征的一组 10 次观察。计算协方差矩阵,使用 MATLAB 检查[使用命令 cov(A)]。

8. 我们想根据身高、体重和脚的大小将人分为男性或女性。来自一个实例训练集(假定是高斯分布)的数据是:

性 别	身高(英尺)	体重(磅)	脚尺寸(英寸)
男	6	180	12
男	5.92(5'11")	190	11
男	5.58(5'7")	170	12
男	5.92(5'11")	165	10
女	5	100	6
女	5.5(5'6")	150	8
女	5.42(5'6")	130	7
女	5.75(5'9")	150	9

对于一个身高 =6 英尺, 体重 =130 磅, 脚的大小 =8 英寸的样本, 你如何分类? 使用 (1) 朴素贝叶斯分类器 (即假设特征之间没有协方差); (2) 协方差矩阵和马氏距离 (提示:使用 MATLAB)。

9. 将图 4.22a ~ d 中的散点图与正确的相关系数进行匹配 (1) 0.14, (2) -0.99, (3) 0.43, (4) -0.77。

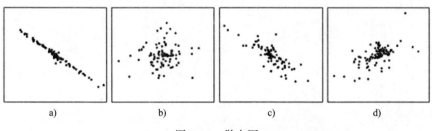

a) b) c) d)

图 4.22 散点图

10. 使用图像程序 (Imagel、Photoshop 或类似的处理软件) 把图 4.23 (从 http://extras.springer.com 下载) 所示的数据制成表格并获得坐标 [在 (x, y) 中]。从所示的数据中构建协方差矩阵 [在 (x, y) 坐标系中]。将矩阵对角化 [在 (x', y') 中获得坐标] (在 MATLAB 中使用 $[V, D] = eig(A)$, A 的特征值从 D 中获得, V 的列就是 A 的特征向量)。

11. 求解矩阵 $\begin{pmatrix} 1 & 3 \\ 4 & 2 \end{pmatrix}$ 的特征值和特征向量 [使用 MATLAB 的 eig(A)]。

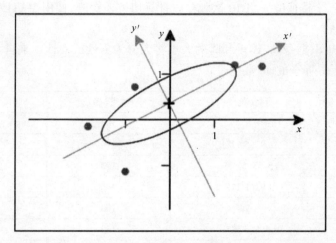

图 4.23　特征空间中的数据点（假设为二变量高斯分布）和相应的等高线

参考文献

［1］Fisher, R. A.：The use of multiple measurements in taxonomic problems. Ann. Eugen. 7, 179 – 188（1936）

［2］Gonick, L., Smith, W.：The Cartoon Guide to Statistics. Harper Collins, New York（1993）

［3］Zhang, H.：The optimality of Naïve Bayes. Proceedings of 17th International FLAIRS（Florida Artificial Intelligence Research Society）Conference. AAAI Press（2004）

第5章

监 督 学 习

5.1　参数与非参数学习

统计分类的参数方法是指从诸如均值和标准方差等数值中得到的概率分布和估计参数，这样才能提供一个对类属的简洁表示。范例包括明确地基于概率分布的贝叶斯决策规则和基于分类函数的参数方法——判别分析。参数方法在训练时往往比较慢，但是一旦完成训练，它们便能够快速对测试数据分类。如果不知道概率分布，那么我们必须使用非参数方法。在这种情况下，可以估计密度函数（如帕尔森窗口法），也可以绕开概率直接构建基于训练数据的决策边界（如 k 最近邻规则）。事实上，多层感知器也可以看作是一个有监督的非参数方法，它能构建一个决策边界。

5.2　参数学习

5.2.1　贝叶斯决策理论

1. 单一特征（一维）

在统计模式识别方法中，我们能够开发出使用了所有可用信息的分类器，如测量信息和先验概率。合并这些信息得到一个条件测量或后验概率。我们可以根据后验概率制定一个决策规则。

考虑一下，只有两个类：类 1（ω_1）和类 2（ω_2），（先验）概率是已知的，例如，$P(\omega_1) = 0.7$，$P(\omega_2) = 0.3$（和为 1）。面对一个新的样本并且没有附加的信息时，因为 $P(\omega_1) > P(\omega_2)$，所以决策规则将这个样本分类于 ω_1。一般情况下，分类错误的概率为

$$P(错误) = P(选择\omega_2 \mid \omega_1)P(\omega_1) + P(选择\omega_1 \mid \omega_2)P(\omega_2) \tag{5.1}$$

这种情况下，因为通常选择 ω_1，所以 $P(错误) = P(选择\ \omega_1, \omega_2)P(\omega_2) = 1.0 \times 0.3 = 0.3$。

想象一下，现在有单一特征 X（例如，长度或亮度）的一个训练集，其中包括来自于这两个类别中的典型示例，以便我们测量这两个类的特征并分别构建它们的概率分布（见图 5.1）。这些正式称之为概率密度函数或条件类属的概

率 $P(x|\omega_1)$ 和 $P(x|\omega_2)$ ，即测量 x 值的概率，假设特征分别在类 1 或类 2 中。如果我们在每个类中都有大量的例子，那么概率密度函数会是高斯分布形状（中心极限定理）。

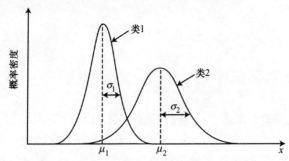

图 5.1　类 1 和 2 的概率密度函数，通常为高斯状分布

　　分类问题是：给定一个具有这个特征值的新对象，这个对象属于哪一类？如果两个概率密度函数重叠，那么这个问题不能明确解答，只有通过统计学解决。

　　如果概率密度函数和先验概率是已知的，那么后验概率 $P(\omega_i|x)$ （即给定一个特征值 x 的概率，特征属于ω_i类）可以使用贝叶斯规则来计算（见第 4 章）。

$$P(A|B) = \frac{P(B|A)P(A)}{P(B)}$$

　　这将在决策时起到帮助。我们将评估每个类的后验概率并选择最大后验概率的类，即这是一个最大后验（MAP）分类器。使用贝叶斯规则，测量一个特征值 x 的每个类 （$i=1$，2） 的后验概率是

$$P(\omega_i|x) = \frac{p(x|\omega_i)P(\omega_i)}{p(x)} \tag{5.2}$$

且决策规则变为

$$如果 \quad \begin{cases} \dfrac{p(x|\omega_1)P(\omega_1)}{p(x)} > \dfrac{p(x|\omega_2)P(\omega_2)}{p(x)}, & 选择\omega_1 \\[2mm] 否则, & 选择\omega_2 \end{cases} \tag{5.3}$$

式中，大写字母 P 表示概率，小写字母 p 表示概率密度。项 $p(x)$ 可以看作是一个比例因子，用于说明我们实际测量具有 x 值的对象的频率：它保证了后验概率与单位数的一致性，但它在决策中不重要。

　　通过划分 $p(x)$ 并重新排列，决策规则式（5.3） 可以写成不同（但等效）的形式，

$$\begin{cases} \dfrac{p(x|\omega_1)}{p(x|\omega_2)} > \dfrac{P(\omega_2)}{P(\omega_1)}, & 选择\omega_1 \\[2mm] 否则, & 选择\omega_2 \end{cases} \tag{5.4}$$

式左边的数量（即类条件密度函数的比例）称为似然比，而相应的决策规则称为似然比检验。

例 5.1   让我们假设一个单一测量值，其具有相同方差（$\sigma^2 = 1$）但均值不同（$\mu_1 = 4$ 和 $\mu_2 = 10$）的高斯分布类条件密度，其先验概率相等 $[P(\omega_1) = P(\omega_2) = 0.5]$。对应的类条件概率密度函数和后验概率如图 5.2 所示。

使用（一维）高斯分布式(4.22) 作为类条件概率函数，给定值作为均值、方差和先验概率，则似然比检验式(5.4) 变为

$$\begin{cases} \dfrac{\exp\left(-\dfrac{1}{2}(x-4)^2\right)}{\exp\left(-\dfrac{1}{2}(x-10)^2\right)} > \dfrac{0.5}{0.5} > 1, & \text{选择}\,\omega_1 \\ \qquad\qquad\text{否则,} & \text{选择}\,\omega_2 \end{cases}$$

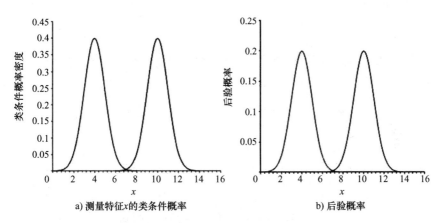

a) 测量特征 x 的类条件概率   b) 后验概率

图 5.2   均值为 $\mu_1 = 4$ 和 $\mu_2 = 10$，方差 $\sigma_1{}^2 = \sigma_2{}^2 = 1$ 的高斯分布

交叉相乘，取自然对数，简化后得出

$$(x-4)^2 - (x-10)^2 < 0$$

解得

$$\begin{cases} x < 7, & \text{选择}\,\omega_1 \\ \text{其他,} & \text{选择}\,\omega_2 \end{cases}$$

正如直觉预期的那样，决策阈值处于两均值之间。决策阈值是两个后验概率相等时的值，由图 5.2 中后验概率的交集给定。（在先验概率相等的情况下，这对应着类条件概率密度的交集）。注意，每一个类条件概率函数下的区域等于 1，而后验概率下的区域之和也等于 1。

例 5.2   如果先验概率是相等的 $[P(\omega_1) = P(\omega_2) = 0.5]$，均值保持和以前一样，即 $\mu_1 = 4$ 和 $\mu_2 = 10$，但类条件密度的方差不同分别为 $\sigma_1^2 = 4$ 和 $\sigma_2^2 = 1$（见

图 5.3)，决策规则变为

$$\begin{cases} \dfrac{\dfrac{1}{2} \cdot \exp\left(-1/(2\times4)(x-4)^2\right)}{\exp\left(-\dfrac{1}{2}(x-10)^2\right)} > 1 & \text{选择} \omega_1 \\ \text{其他}, & \text{选择} \omega_2 \end{cases}$$

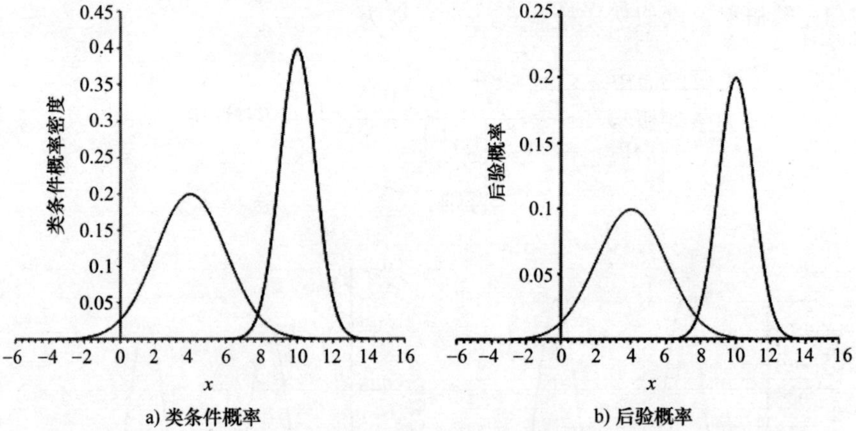

a) 类条件概率   b) 后验概率

图 5.3 均值为 $\mu_1 = 4$(红色)和 $\mu_2 = 10$(蓝色)，方差 $\sigma_1^2 = 4, \sigma_2^2 = 1$ 的高斯分布

交叉相乘，取自然对数，简化后得出

当 $\qquad 8\ln\dfrac{1}{2} - (x-4)^2 > -4(x-10)^2,$

即 $\qquad 3x^2 - 72x + 384 + 8\ln\dfrac{1}{2} > 0$ 时选择 ω_1

求解该二次方程得到两个不同的根，因此有两个不同的决策阈值

$$x = (72 \pm 25.3)/6 = 7.78 \text{ 和 } 16.22$$

类条件概率密度和后验概率如图 5.3 所示。由于先验概率 $P(\omega_i)$ 相等，类条件和后验概率函数仅仅是彼此缩小的版本。底层决策阈值（对应于较小的根 $x = 7.78$）很容易看到，但是上层决策阈值（对应于较大的根 $x = 16.22$）在图 5.3b 中看得不明显。然而，如果我们注意到类 ω_1 的后验概率的衰减不像 ω_2 在较高值 x 时衰减得快，就会知道要发生第二次交叉（这是在 $x = 16.22$ 时）。参考图 5.3b，可以得到决策规则为

$$\begin{cases} x < 7.78 \text{ 或者 } x > 16.22, & \text{选择} \omega_1 \\ 7.78 < x < 16.22, & \text{选择} \omega_2 \end{cases}$$

请注意，如果有一个形象化的图表，那么正确获得"大于"和"小于"的标志会更加容易。

例 5.3　如果先验概率不相等 $[P(\omega_1)=2/3, P(\omega_2)=1/3]$，但方差相等 $(\sigma_1^2 = \sigma_2^2 = 1)$，则似然检测变为

$$\begin{cases} \dfrac{\exp\left[-\dfrac{1}{2}(x-4)^2\right]2/3}{\exp\left[-\dfrac{1}{2}(x-10)^2\right]1/3} > 1, & \text{选择 } \omega_1 X \\[4mm] \text{否则}, & \text{选择 } \omega_2 \end{cases}$$

求解这个方程得到一个 $x = 7.12$ 的决策边界（见图 5.4），因为产生的二次方程的根相等。决策阈值由后验概率的交集得到。（注意，在先验不相等的情况下，这不对应于该类条件概率的交集。）在有几个特征的情况下，决策边界将会是直线或平面。

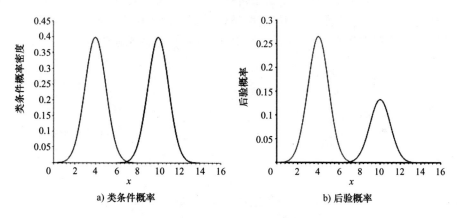

a) 类条件概率　　　　　　　　　b) 后验概率

图 5.4　均值为 $\mu_1 = 4$ 和 $\mu_2 = 10$，方差相同 $(\sigma_1^2 = 4, \sigma_2^2 = 1)$，
后验概率为 $p(\omega_1)=2/3$, $p(\omega_2)=1/3$ 的高斯分布

当两个高斯分布的先验概率相等时（见图 5.5a），决策阈值（D_1）将处于概率分布函数的交集中，且会出现误分类的错误（图中的条纹区域）：假阳性（或称为 I 类错误）和假阴性（或称为 II 类错误）。移动决策阈值会改变分类。例如，将决策阈值调高到图 5.5 中的 D2，会减少假阳性的数量，但不幸的是，它也增加了假阴性的数量。将决策阈值调低会增加假阳性的数量，减少假阴性的数量。从图 5.5b 中我们看到，假阴性减少某些量时，假阳性会增加很多；因此分类错误的总数（FP 和 FN）实际上会增加（如图 5.5b 中浅灰色区域所示）。如果决策阈值从 D_1 降低也是同样的情况。因此在分布的交叉区域选取决策阈值会使总误差（$FPF + FNF$）最小。如果高斯分布由不同的方差或由不同的先验概率进行缩放，这种通用的几何论证同样适用。事实上，后验概率不一定非是高斯分布的，它们只需要在其交叉点的区域是单调的即可。因此，通过贝叶斯

规则根据最大（后验）概率选择类属，相应地将（总的）错误概率（错误率）最小化了，因此我们的决策规则是最优的决策规则。

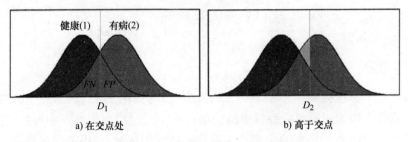

a) 在交点处   b) 高于交点

图 5.5   决策阈值不同的交叉分布

考虑一下在罐头工厂沿着传送带传送下来的两种鱼类：鲈鱼（类 ω_1）和鲑鱼（类 ω_2）的分类问题。我们将这两类鱼的颜色深浅作为样本进行检测，由此产生的类条件概率密度函数 $P(x|\omega_1)$ 和 $P(x|\omega_2)$ 如图 5.6 所示。

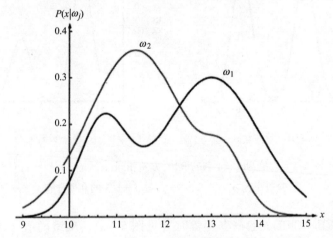

图 5.6   对类 ω_1（鲈鱼）和类 ω_2（鲑鱼）光线测量值 x 的类条件概率函数
（注意每个密度函数下的面积为 1）（参阅 Duda et al. 2001）

季节和场所（以及许多其他变量）都直接决定两种不同类型的鱼被捉住的概率，但是假设在特定的抓捕条件下，抓到的鲈鱼是鲑鱼的两倍，因此 $P(\omega_1) = 2/3$，$P(\omega_2) = 1/3$。我们可以使用图 5.2 通过由先验得到的类条件概率进行缩放确定后验概率，并且将证据项进行分类以确保概率之和为 1（见图 5.7）。检验对于一个测试样本（例如，颜色深浅 = 13）的任意特征测量的数字，最终结果在后验概率中总和为 1（在颜色深浅 = 13 的情况下，类别 1 和类别 2 的后验概率分别为 0.79 和 0.21）：注意这两条曲线是关于（水平）直线 $P(\omega|x) = 0.5$ 相互之间的镜像。

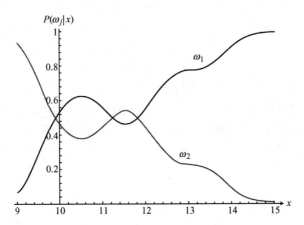

图 5.7　对应于图 5.4 中类条件概率的后验概率分布，其中 $P(\omega_1) = 2/3$，$P(\omega_2) = 1/3$。
对每个 x 值，后验概率之和为 1

　　测量每一条沿传送带通过的新鲜鱼的颜色深浅，根据后验概率将其分类为鲈鱼或鲑鱼。具体而言，我们将会选择颜色深浅值具有更大后验概率的类。从图 5.7 可以看出，如果它的颜色深浅 x 为 $9.9 < x < 11.2$ 或者 $x > 11.8$，将它归类为鲈鱼（ω_1），否则就将它归类为鲑鱼（ω_2）。

　　假设两种类型的错误分类（将鲈鱼误归类为鲑鱼，将鲑鱼误归类为鲈鱼）具有同等重要性。虽然，这在有些情况下不一定是对的。例如，客户可能不介意一些更昂贵的鲑鱼出现在他们的鲈鱼罐头中，但他们可能反对将鲈鱼放到鲑鱼罐头里。或者，在医疗案例中，把良性肿瘤误诊为恶性肿瘤（假阳性）可能没有把恶性肿瘤误诊为良性肿瘤（假阴性）那么严重：假阳性可能会导致不必要的治疗，而假阴性会导致因为没有及时给予治疗使得患者死亡。针对这些情况，可以引入一个与错误决策（误分类）有关的惩罚项目 λ_{ij}，称为损失。当正确状态为 w_j 时，损失 λ_{ij} 与决策 ω_i 相关。（当正确状态为 ω_j 时，通过决策 ω_i 得到的期望损失称为风险 R，它是这种情况下的条件风险）。二分类问题的完全损失矩阵为

$$\boldsymbol{\lambda} = \begin{pmatrix} \lambda_{11} & \lambda_{12} \\ \lambda_{21} & \lambda_{22} \end{pmatrix} \tag{5.5}$$

式中，对角项通常设置为零（即无成本地做出正确决策）。当 ω_1 代表健康分布，ω_2 代表患病分布时，λ_{12}（与假阴性相关的损失）$> \lambda_{21}$（与假阳性相关的损失）。如果行为 α_1 对应于决定自然的真实状态为 ω_1，行为 α_2 对应于决定自然的真实状态为 ω_2，那么 λ_{ij} 是 $\lambda(\alpha_i|\omega_j)$ 的简略形式。涉及选择任一方式的条件风险为

$$R(\alpha_1|x) = \lambda_{11}P(\omega_1|x) + \lambda_{12}P(\omega_2|x) \tag{5.6a}$$

$$R(\alpha_2 | x) = \lambda_{21} P(\omega_1 | x) + \lambda_{22} P(\omega_2 | x) \qquad (5.6b)$$

归纳 (5.4)，包括损失项，决策规则（按照似然比）可以写为

$$\frac{p(x|\omega_1)}{p(x|\omega_2)} > \frac{(\lambda_{12} - \lambda_{22}) P(\omega_2)}{(\lambda_{21} - \lambda_{11}) P(\omega_1)} \qquad (5.7)$$

[引入 $\lambda_{12} > \lambda_{21}$ 的损失项产生的影响是将图 5.5a 中的决策阈值向左移动，减少了假阴性的数量。在对角项为零且错误代价相同（$\lambda_{12} = \lambda_{21}$）的情况下，$\lambda$ 就是所谓的对称或 $0-1$ 损失函数，且式(5.7) 约减为式(5.4)]。

例 5.4 选择最优决策，其中 $p(x|\omega_1) = N(2, 0.25)$，$p(x|\omega_2) = N(1.5, 0.04)$；
$P(\omega_1) = 2/3$，$P(\omega_2) = 1/3$；且 $\lambda = \begin{pmatrix} 0 & 1 \\ 2 & 0 \end{pmatrix}$

由于 $\lambda_{21} > \lambda_{11}$，决定 ω_1，如果

$$\frac{p(x|\omega_1)}{p(x|\omega_1)} > \frac{\lambda_{12} - \lambda_{22} P(\omega_2)}{\lambda_{21} - \lambda_{11} P(\omega_1)}$$

$$p(x|\omega_1) = \frac{2}{\sqrt{2\pi}} e^{-2(x-2)^2} \quad 并且 \quad p(x|\omega_2) = \frac{5}{\sqrt{2\pi}} e^{-\frac{25}{2}\left(x - \frac{3}{2}\right)^2}$$

两个正态分布的似然比是

$$\frac{p(x|\omega_1)}{p(x|\omega_2)} = \frac{2}{5} e^{-2(x-2)^2 + \frac{25}{2}(x-1.5)^2} > \frac{1-0}{2-0} \times \frac{1/3}{2/3} = \frac{1}{4}$$

$$e^{-2(x-2)^2 + \frac{25}{2}(x-1.5)^2} > \frac{5}{8}$$

取（自然）对数 $\Rightarrow -2(x-2)^2 + 25(x-1.5)^2/2 > -0.47$

$$x^2 - 2.8095x + 1.9614 > 0$$

$$x = 1.514 \quad 或 \quad x = 1.296$$

因此，当 $x > 1.514$ 或 $x < 1.296$ 时选择 ω_1；当 $1.296 < x < 1.514$ 时选择 ω_2。

在一般的单变量情况下，式(5.7) 的决策规则可以重新写为

$$如果 \quad \frac{p(x|\omega_1)}{p(x|\omega_2)} > k，选择 \quad \omega_1；否则，选择 \omega_2 \qquad (5.8)$$

$$其中 \quad k = \frac{(\lambda_{12} - \lambda_{22}) P(\omega_2)}{(\lambda_{21} - \lambda_{11}) P(\omega_1)}$$

如果类条件概率是高斯分布 $N(\mu_1, o_1^2)$ 和 $N(\mu_2, o_2^2)$，将其代入式(5.8)，取（自然）对数并简化得到：

$$\left[(x - \mu_2)/\sigma_2\right]^2 - \left[(x - \mu_1)/\sigma_1\right]^2 > 2\ln \frac{(\sigma_1 k)}{(\sigma_2)} \qquad (5.9)$$

这是一个关于 x 的二次方程。项可以收集到形式 $ax^2 + bx + c$ 中，求解后给出 x 的解（根），即决策阈值。这里有两个根，x_+ 和 x_-，当 $(b^2 - 4ac)^{1/2} = 0$ 时二者相等。

Excel 文件 condprob. xls（下载地址 http://extras. springer. com）给出了公式Ⅲ的根。它也显示了派生数量，如敏感性和特异性，联合概率和边缘概率以及条件概率。

2. 多重特征

如果 PDF（概率密度函数）有重叠的话，单一的特征无法实现无误差的分类，因此我们应该考虑测量另外一种独立的、不相关的特征（即使它也不是完美的）。在分类鱼的例子中，可以考虑测量它们的宽度以及它们的颜色深浅。由于鲈鱼通常比鲑鱼宽，我们现在有两个帮助鱼进行分类的特征：颜色深浅和宽度。使用两个特征，要在一个二维特征空间中绘制训练数据（见图 5.8），我们的问题转变成了将特征空间分成两个区域，一个区域为一类鱼。决策阈值（在一维特征空间中）成为决策边界，分离可能会连接或可能不会连接的区域。最简单的例子是对于一个线性决策边界，什么时候是合乎情理的？我们又将如何找到最佳的线性边界？（通过寻找两个类的质心和构建一条垂直于它的直线？）

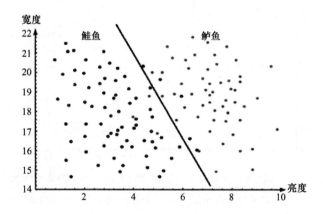

图 5.8 由鲈鱼和鲑鱼的亮度和宽度组成的训练样本的二维特征空间，以及一个假定的线性决策边界（参阅 Duda et al. 2001）

我们可以选择一个更为复杂的决策边界，甚至选择一个可以将训练数据完美分离的点（见图 5.9）。然而，对具体的训练样本的调整是非常严格的，不可能像测试样本那样操作。如此看来，对于所有的鲈鱼和鲑鱼，这种复杂的边界实际上不太可能符合一个自然的真实模型。

我们可以决定在训练集中权衡用于增加泛化的操作，且满足基于二次方程式的决策边界（见图 5.10）。正如我们想象的那样，在特定的情形下，最佳决策边界的形状不能任意选择，而是取决于类的训练样本的实际分布。

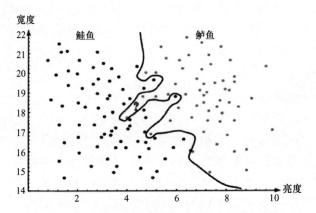

图 5.9 极度复杂的决策边界。用问号标记的新测试数据更可能是一条鲑鱼，但是这个决策边界却将其归类为鲈鱼（参阅 Duda et al. 2001）

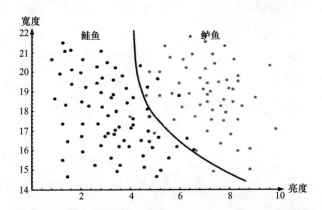

图 5.10 在训练集性能和分类器简易性最优权衡后的决策边界，对新到数据具有最高精度（参阅 Duda、Hart 和 Stork，2001）

5.2.2 判别函数与决策边界

有许多不同的方式表示模式分类器。最有用的方式之一就是通过为每一个类 $i = 1, 2, 3, \cdots, M$，考虑一组判别函数 $g_i(\boldsymbol{x})$ 来获取决策边界，其中 x 是特征向量；分类是基于发现最大的判别函数。对于贝叶斯分类器（最小错误率分类器），判别函数是后验概率 $P(\omega_i | \boldsymbol{x})$。使用贝叶斯规则得到

$$g_i(\boldsymbol{x}) = P(\omega_i \mid \boldsymbol{x}) = \frac{p(\boldsymbol{x} \mid \omega_i) P(\omega_i)}{p(\boldsymbol{x})} \tag{5.10}$$

判别函数并不是唯一的。它可以乘以一个常数或通过增加一个常数来转换而不影响分类。事实上，任何单调递增函数 $g_i(\boldsymbol{x})$ 都是一个有效的判别函数。

对于贝叶斯分类，使用式(5.8) 的分子的自然对数是方便的，即

$$g_i(\boldsymbol{x}) = \text{In}p(\boldsymbol{x} \mid \omega_i) + \text{In}P(\omega_i) \tag{5.11}$$

使用这些判别函数，决策规则用决策边界或决策面将特征空间划分为不同的决策区域。

由于易处理性和与中心极限定理的关联，多变量高斯分布是最常用的（类条件）概率密度函数。n 维高斯分布通过下式得到：

$$f_{\boldsymbol{x}}(\boldsymbol{x})(\text{或 } N(\boldsymbol{\mu},\boldsymbol{\Sigma})) = \frac{1}{(2\boldsymbol{\pi})^{n/2}|\boldsymbol{\Sigma}|^{1/2}}\exp\left[-\frac{1}{2}(\boldsymbol{x}-\boldsymbol{\mu})^{\mathrm{T}}\boldsymbol{\Sigma}^{-1}(\boldsymbol{x}-\boldsymbol{\mu})\right]$$

$$\tag{5.12}$$

式中，$\boldsymbol{\mu}$ 是 $\boldsymbol{x}$ 的平均值，$\boldsymbol{\Sigma}$ 是 $n \times n$ 的协方差矩阵。

在这种情况下，判别函数是

$$g_i(\boldsymbol{x}) = -\frac{1}{2}(\boldsymbol{x}-\boldsymbol{\mu}_i)^{\mathrm{T}}\boldsymbol{\Sigma}_i^{-1}(\boldsymbol{x}-\boldsymbol{\mu}_i) - n/2\text{In}2\boldsymbol{\pi} - \frac{1}{2}\text{In}|\boldsymbol{\Sigma}_i| + \text{In}P(\omega_i) \tag{5.13}$$

让我们检测一些特殊情况。

案例1：独立特征，每一个都具有相同的方差（σ^2）。

考虑这样一种情况，所有特征由圆形等值线来表示。圆形（或三维的球形）等值线来源于一个对角线且等于 $\sigma^2 \boldsymbol{I}$ 的协方差矩阵。由此可见，$|\boldsymbol{\Sigma}_i| = \sigma^{2n}$ 且 $\boldsymbol{\Sigma}_i^{-1} = (1/\sigma^2)\boldsymbol{I}$。式(5.11) 中第二、第三个项是类别独立的恒定偏差且可以被消除，得出

$$g_i(\boldsymbol{x}) = -\frac{1}{2}(\boldsymbol{x}-\boldsymbol{\mu}_i)^{\mathrm{T}}\boldsymbol{\Sigma}_i^{-1}(\boldsymbol{x}-\boldsymbol{\mu}_i) + \text{In}P(\omega_i) \tag{5.14}$$

在这种情况下，可简化为

$$g_i(\boldsymbol{x}) = -\frac{\|\boldsymbol{x}-\boldsymbol{\mu}_i\|^2}{2\sigma^2} + \text{In}P(\omega_i) \tag{5.15}$$

式中，$\|\cdot\|$ 表示欧几里得范数，即

$$\|\boldsymbol{x}-\boldsymbol{\mu}_i\|^2 = (\boldsymbol{x}-\boldsymbol{\mu}_i)^{\mathrm{T}}(\boldsymbol{x}-\boldsymbol{\mu}_i) \tag{5.16}$$

将式(5.15) 的二次方项进行扩展得出

$$g_i(\boldsymbol{x}) = -\frac{1}{2\sigma^2}[\boldsymbol{x}^{\mathrm{T}}\boldsymbol{x} - 2\boldsymbol{\mu}_i^{\mathrm{T}}\boldsymbol{x} + \boldsymbol{\mu}_i^{\mathrm{T}}\boldsymbol{\mu}_i] + \text{In}P(\omega_i) \tag{5.17}$$

$\boldsymbol{x}^{\mathrm{T}}\boldsymbol{x}$ 项对于所有 i 是恒定的并且可以被忽略掉。因此

$$g_i(\boldsymbol{x}) = \boldsymbol{w}_i^{\mathrm{T}}\boldsymbol{x} + w_{i0} \tag{5.18}$$

式中

$$\boldsymbol{w}_i = \frac{1}{\sigma^2}\boldsymbol{\mu}_i \tag{5.19}$$

且

$$w_{i0} = -\frac{1}{2\sigma^2}\boldsymbol{\mu}_i^{\mathrm{T}}\boldsymbol{\mu}_i + \ln P(\omega_i) \tag{5.20}$$

式中，w_{i0} 称为第 i 类的阈值或偏差。

等式(5.18) 定义了一个线性判别函数；相关的贝叶斯分类器在本质上是线性的，分类的方法称之为线性判别分析（LDA）。

决策面是由具有最高后验概率的两个类的线性等式 $g_i(\boldsymbol{x}) = g_j(\boldsymbol{x})$ 定义的。对于这种情况

$$w^{\mathrm{T}}(\boldsymbol{x} - \boldsymbol{x}_0) = 0 \tag{5.21}$$

式中

$$w = \boldsymbol{\mu}_i - \boldsymbol{\mu}_j \tag{5.22}$$

且

$$\boldsymbol{x}_0 = \frac{1}{2}(\boldsymbol{\mu}_i + \boldsymbol{\mu}_j) - \frac{\sigma^2}{\|\boldsymbol{\mu}_i - \boldsymbol{\mu}_j\|^2}\ln P(\omega_i)(\boldsymbol{\mu}_i - \boldsymbol{\mu}_j) \tag{5.23}$$

这定义了一个通过点 $\boldsymbol{x}_0$ 且正交于 w 的超平面。由于 $w = \boldsymbol{\mu}_i - \boldsymbol{\mu}_j$，这个超平面正交于连接它们的平均值的线。使用线性判别函数的分类器称之为线性机。

如果 $P(\omega_i) = P(\omega_j)$，那么 X_0 在平均值的最中间，决策超平面是平均值（即质心）连线的垂直二等分线，如图 5.11 所示。如果 $P(\omega_i) \neq P(\omega_j)$，那么 $\boldsymbol{x}_0$ 偏离具有较高（先验）概率的平均值。然而，如果方差 σ^2 小于平方距离 $\|\boldsymbol{\mu}_i - \boldsymbol{\mu}_j\|^2$，并且对先验概率的值相当不敏感，那么就是边界位置了。

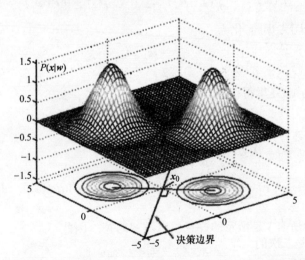

图 5.11 两个二变量正态分布，其先验概率相等。因此，决策边界恰好位于两均值之间的中点。决策边界是两质心连线的垂直等分线

如果先验概率 $P(\omega_i)$ 对于所有类都是相同的, 式(5.23) 中的 $P(\omega_i)$ 消失, 最优决策规则就变成: 测量每个类的特征向量到质心的欧几里得距离 $\|x-\mu_i\|$, 并且将 x 分配到对应于最短距离的类中。因此, 分类器是一个最小距离分类器。

注意, 在决策边界中后验概率是相等的, 这个条件意味着后验概率的比率的对数必须是零。如果每个类的数据是方差相等的高斯分布, 那么任意两个类之间的边界是一条直线。对于三个类, 将有三条线 (见图 5.12)。

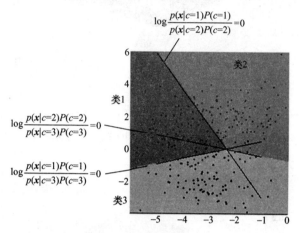

图 5.12 显示了方差相等的三个类之间的决策线。一个新的数据点分配到类中, 得出的后验概率比率具有最大的分子

案例 2: 当所有类的协方差矩阵相等, 而其他情况下任意 (这使得 2D 椭圆体的等值线具有相似的大小和方向)。

在几何学上, 这对应于在相同大小和形状的 (超级) 椭球形集群中拥有样本: 椭圆的等值线是相互平行的。因为 (图 5.13) 中的 $(n/2)$ 和 $|\Sigma_i|$ 与 i 无关, 它们作为多余附加的常量可加以忽略。可以作为解决数学题和找到决策边界的练习而留下。

此外, 决策边界是一个线形面 (或二维空间特征的线), 尽管它与连接平均值的线并不正交。如果先验值相等, 则它与中值的中点相交 (见图 5.13)。如果先验概率不相等, 那么决策边界转移而远离具有较高 (先验) 概率的平均值。

案例 3: 一般情况, 每个类具有不同的协方差矩阵。

一般情况下, 只有 (图 5.13) 中的常数项 $(n/2)\ln 2\pi$ 不予考虑, 并且得到的判别函数本质上是二次的, 从而产生了对于两个类来讲是超曲面的决策曲线。对于两个特征, 它们可以是椭圆、圆、抛物线、双曲线、直线或双直线。在这种情况下, 贝叶斯分类器是一个二次分类器, 这种方法称之为二次判别分析 (QDA)。

当一个类具有圆形等值线时, 决策边界就是抛物线 (见图 5.14)。

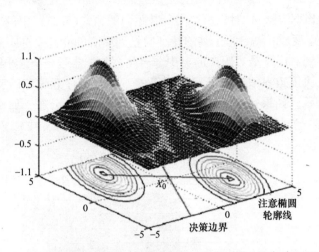

图 5.13   具有相同协方差矩阵的两个类,显示出了质心和相交于正中点
(但不成成直角)的线性判别函数之间的轮廓线

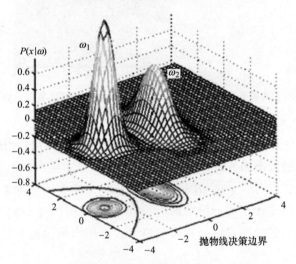

图 5.14   当一个变量的分布具有圆形等值线时的抛物线决策边界

在具有椭圆轮廓的(等概率的)分布、方向相互正交的情况下,决策边界
将会是双曲线(见图 5.15)。

在什么条件下决策边界是椭圆的,以及什么时候它们退变为直线等问题,
留给读者自己思考。

为了搞清楚这些问题,我们来看两个例子。在这两种情况下,先验值是相
等的。在第一个例子中,平均值是 $\boldsymbol{\mu}_1 = (0,0)$,$\boldsymbol{\mu}_2 = (3.2,0)$,且协方差矩阵是

$$\boldsymbol{\Sigma}_1 = \begin{pmatrix} 0.3 & 0.0 \\ 0.0 & 0.35 \end{pmatrix} \qquad \boldsymbol{\Sigma}_2 = \begin{pmatrix} 1.2 & 0.0 \\ 0.0 & 1.85 \end{pmatrix}$$

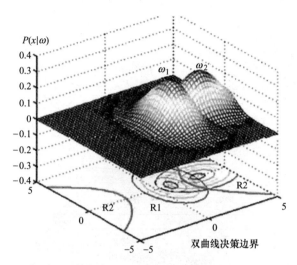

图 5.15 由两组（等概率）正交椭圆等值线得到的双曲线决策边界

没有协方差项，但每个协方差矩阵的方差是不同的且协方差矩阵互不相等。所得到的等值线是在方向上平行于特征轴的大小不同的椭圆。图 5.17 显示了两个概率密度函数分布，其中红色（类 ω_1）表示后验概率大于类 ω_1 的点。决策曲线是一个椭圆。

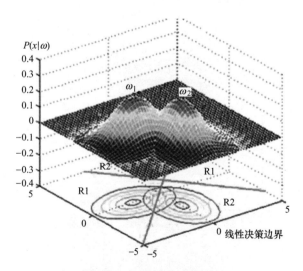

图 5.16 一个线性决策边界

第二个例子，$\boldsymbol{\mu}_1 = (0,0)$，$\boldsymbol{\mu}_2 = (3.2, 0)$，且

$$\boldsymbol{\Sigma}_1 = \begin{pmatrix} 0.1 & 0.0 \\ 0.0 & 0.75 \end{pmatrix} \qquad \boldsymbol{\Sigma}_2 = \begin{pmatrix} 0.75 & 0.0 \\ 0.0 & 0.1 \end{pmatrix}$$

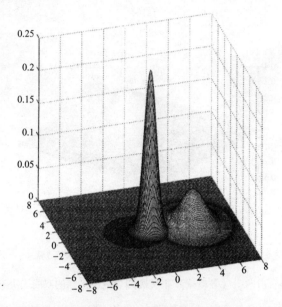

图 5.17　具有不同协方差矩阵的两个等概率正态分布类的概率密度函数分布
（参阅 Theodoridis 和 Koutroumbas，2009）

　　再次说明，这些都是椭圆，轴平行于特征轴，但方差的检验表明它们的等值线相互正交，形成一个双曲决策边界（见图 5.18）。

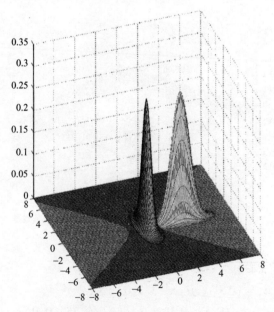

图 5.18　具有不同协方差矩阵的两个等概率正态分布类的概率密度函数分布
（参阅 Theodoridis 和 Koutroumbas，2009）

图 5.19 显示了具有三个类的例子的决策曲线（和两个特性，即二维特征空间）。

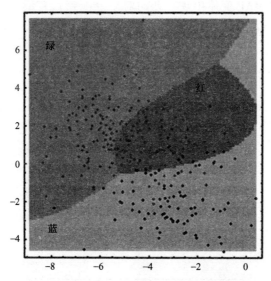

图 5.19　三个类（红，绿，蓝）中任意两个类之间的决策线都是二次曲线

还应该注意到，甚至在一维特征空间，两个不相等方差的例子会形成一个抛物线的决策曲线，从而形成两个决策阈值和一个不连接的决策区域（见图 5.20），我们在本章的前面已经看到了（见例 5.2）。

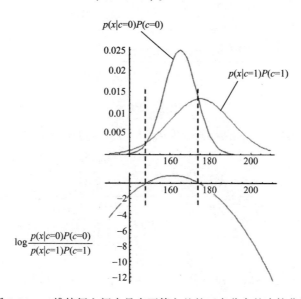

图 5.20　一维特征空间中具有不等方差的正态分布的决策曲线

5.2.3 MAP（最大后验）估计量

随着分类器的 MAP 变体出现，新的对象分配到具有最大后验概率的类中。对于多变量数据（即多个特性），使用多变量高斯分布。图 5.21 说明了具有两个特征（y_1 和 y_2），三个类（A，B 和 C），每个类都有它自己的平均值（μ_A，μ_B 和 μ_C）的情况，其协方差矩阵是：

$$\Sigma = \begin{pmatrix} \sigma_{11} & \sigma_{12} \\ \sigma_{21} & \sigma_{22} \end{pmatrix}$$

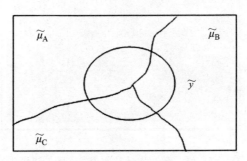

图 5.21　三类问题

那么后验概率使用下式进行计算：

$$P(\tilde{\mu}_j \mid \tilde{y}) = \frac{P(\tilde{\mu}_j \cap \tilde{y})}{P(\tilde{y})}$$

$$= \frac{P(\tilde{\mu}_j)P(\tilde{y} \mid \tilde{\mu}_j)}{P(\tilde{\mu}_A \cap \tilde{y}) + P(\tilde{\mu}_B \cap \tilde{y}) + P(\tilde{\mu}_C \cap \tilde{y})}$$

$$= \frac{P(\tilde{\mu}_j)P(\tilde{y} \mid \tilde{\mu}_j)}{P(\tilde{\mu}_A)P(\tilde{y} \mid \tilde{\mu}_A) + P(\tilde{\mu}_B)P(\tilde{y} \mid \tilde{\mu}_B) + P(\tilde{\mu}_C)P(\tilde{y} \mid \tilde{\mu}_C)}$$

$$= \frac{P(\tilde{\mu}_j)\left[\dfrac{e^{-\frac{1}{2}(\tilde{y}-\tilde{\mu}_j')\Sigma_j^{-1}(\tilde{y}-\tilde{\mu}_j)}}{|\Sigma_j|^{\frac{1}{2}}}\right]}{P(\tilde{\mu}_A)\left[\dfrac{e^{-\frac{1}{2}(\mathrm{SqDist}_A)}}{|\Sigma_A|^{\frac{1}{2}}}\right] + P(\tilde{\mu}_B)\left[\dfrac{e^{-\frac{1}{2}(\mathrm{SqDist}_B)}}{|\Sigma_B|^{\frac{1}{2}}}\right] + P(\tilde{\mu}_C)\left[\dfrac{e^{-\frac{1}{2}(\mathrm{SqDist}_C)}}{|\Sigma_C|^{\frac{1}{2}}}\right]}$$

$$(5.24)$$

一个对象基于最高后验概率分类到其中一个类（A，B 或 C）中。

5.3　练习

1. 假设 ω_1 和 ω_2 的类条件概率函数是高斯函数, 其 $(\mu_1,\ \sigma_1)$, 大小分别为 $(4,2)$ 和 $(10,1)$, 并且它们具有相等的先验概率 $(P_1 \leqslant P_2 \leqslant 1/2)$, 其最优决策阈值是多少?

(试计算, 然后用 CondProb. xls 检查)

2. 对于两个类条件概率, 它的形状为高斯分布, 中值为 $\mu_1 = 4$, $\mu_2 = 10$, 方差为 $\sigma_1^2 = 4$, $\sigma_2^2 = 4$, 先验概率为 $P(\omega_1) = 2/3$, $P(\omega_2) = 1/3$, 决策阈值是多少?

(试计算, 然后用 CondProb. xls 检查)

3. 选择最优决策, 其中类条件概率是高斯分布 $[$ 即 $N(\mu, \sigma^2)]$, 由 $N(2, 0.5)$ 和 $N(1.5, 0.2)$ 得到, 其对应的先验概率是 2/3 和 1/3。

(试计算, 然后用 CondProb. xls 检查)

4. 对于本章中所讨论的鱼罐头问题, 顾客可能不介意一些更贵的鲑鱼出现在他们的鲈鱼罐头里, 但是更多地会反对误将鲈鱼放在他们的鲑鱼罐头里。我们可以在分析损失函数时把这个因素考虑在内: 我们应该把哪项设置得更大, 是 λ_{12} [将鲈鱼 (ω_1) 作为鲑鱼 (ω_2) 进行错误分类的相关损失] 还是 λ_{21} [将鲑鱼 (ω_2) 当作鲈鱼 (ω_1) 进行错误分类的相关损失]?

5. 在一个具有单一特征 x 的两分类问题中, PDF (概率密度函数) 都是由 $N_1(0, 1/2)$ 和 $N_2(1, 1/2)$ 得到的高斯分布模型 $[$ 即 $N(\mu, \sigma^2)]$。如果 $P(\omega_1) = P(\omega_2) = 1/2$, 分别针对下面两种情况找出决策阈值: (1) 最小错误概率; (2) 如果损失矩阵为 $\boldsymbol{\lambda} = \begin{pmatrix} 0 & 0.5 \\ 1.0 & 0 \end{pmatrix}$ 的最小风险。(使用 CondProb. xls)

6. 在某个两个类、两个特征的分类任务中, 具有相同协方差矩阵的高斯分布描述特征向量

$$\boldsymbol{\Sigma} = \begin{pmatrix} 1.1 & 0.3 \\ 0.3 & 1.9 \end{pmatrix}$$

平均值是 $\mu_1[0,0]$ 和 $\mu_2[3,3]$。根据贝叶斯分类器对向量 $(1.0, 2.2)$ 进行分类。(提示: 对两个平均值使用马氏距离)

7. 给出以下标记的样本:

ω_1	ω_2	ω_3
(2.491, 2.176)	(4.218, -2.075)	(-2.520, 0.483)
(1.053, 0.677)	(-1.156, -2.992)	(-1.163, 3.161)
(5.792, 3.425)	(-4.435, 1.408)	(-13.438, 2.414)
(2.054, -1.467)	(-1.794, -2.838)	(-4.467, 2.298)
(0.550, 4.020)	(-2.137, -2.473)	(-3.711, 4.364)

分别使用 1 – NN 规则和 3 – NN 规则，对以下的每一个向量进行分类

$(2.543, 0.046)$

$(4.812, 2.316)$

$(-2.799, 0.746)$

$(-3.787, -1.400)$

$(-7.429, 2.329)$

参考文献

[1] Duda, R. O., Hart, P. E., Stork, D. G.: Pattern Classification. Wiley, New York, NY (2001)

[2] Theodoridis, S., Koutroumbas, K.: Pattern Recognition, 4th edn. Academic, Amsterdam (2009)

第6章

非参数学习

6.1　直方图估计与 Parzen 窗口

　　对于一维情况，如果有随机变量 x 的 N 个独立样本（x_1，x_2，x_3，$\cdots$，x_n）（选定的特征）。密度函数（PDF）可以从 $\Delta x(=2h)$ 宽的样本形成直方图的近似（见图 6.1）。如果存在大量样本，并且 k 是中间点 x_i 中的样本数，样本的可能性 $x_i \pm h$ 能够很容易由相对频率 k/N 估算出来，且 x_i，$p(x_i)$ 的密度也能够由 $k/(2hN)$ 估算出来。在构造直方图时，必须选择起点和 bin 宽度。PDF 的估计受起点选择的影响，但更主要的是受到 bin 宽度的影响：小宽度的 bin 造成的估计是尖锐的，而且大宽度的 bin 使估计更平滑。

　　为了获得更平滑的估计，在不平滑细节的情况下，使用称为内核函数或 Parzen 窗口的平滑加权函数。最流行的是高斯内核（Gaussian kernel）（见图 6.2）。然后，PDF 的估计值是放置在每个数据点的内核的总和。

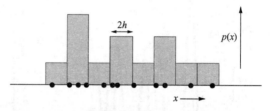

图 6.1　经由直方图估计的概率分布函数

　　必须谨慎选择内核的宽度（就像选择直方图 bin 的宽度一样）。大的宽度会使密度过度平滑并掩盖数据中的结构，而较小的宽度将产生尖锐的、非常难以解释的密度估计（见图 6.3）。密度估计将继承内核的所有连续性和可微分属性，因此对于高斯核，它将是平滑的，并具有很好的导数性质。

　　我们想找到一个平滑参数的值，即内核宽度，其最大限度地减少了估计密度和真实密度之间的误差。一个自然的措施就是在估算点 x 的平方误差，这是偏差-方差权衡一个例子的表达。偏差可以以方差为代价而降低，反之亦然。（估计的偏差是估计中产生的系统误差，估计的方差是估计中产生的随机误差）。将偏差-方差应用于窗口宽度的选择，意味着大的窗口宽度将会降低不同数据集的密度函数估值之间的差别（即方差），小的窗口宽度将会以密度函数的估值中的更大方差为代价减少密度函数的偏差（见图 6.4）。

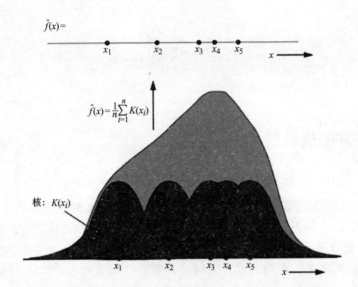

图 6.2　使用高斯核来衡量训练集中每一个样本的权重

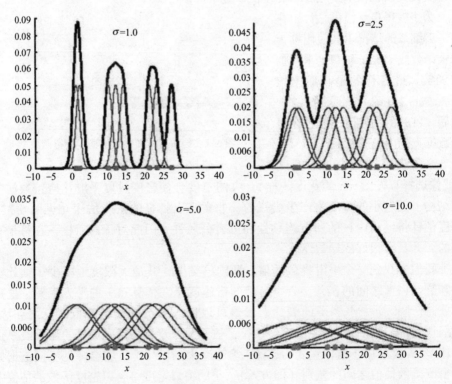

图 6.3　选择内核宽度

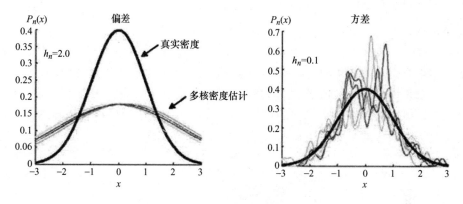

图 6.4 偏差-方差权衡

6.2 k-NN (k-最近邻域) 分类

由于 Parzen 密度估计中的内核在大小上是固定的,因此当样本不是均匀分布的时候,就很难获得令人满意的密度估计。一种方法是确定样本的数量 k,并且让宽度改变,使得每个区域精确地包含 k 个样本。这就是 k 最近邻分类方法,分类如下:

"如果一种动物走起路来像一只鸭子,叫起来也是,看起来也是,很可能它就是一只鸭子。"也就是说,测试实例的类型由它的最近邻域的类型决定。

k-NN 过程从测试点开始并生长一个区域,直到它包含 k 个训练样本,并且通过这些样本的多数投票标记测试点 x (见图 6.5)。

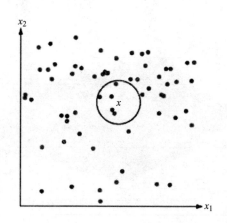

图 6.5 在 $k=5$ 的情况下,测试点归入黑色点标记类

对于二分类问题，k 值应当是奇数以避免并列，对于两种以上的类型，k 值保持奇数已不足以避免并列了［例如，如果有三个类型，可以选择使 $k=5$，在有些情况下依然会得出并列值（2，2，1）］。k 值较大更有利于解决产生并列值。如果数据是标准化的，区域将会是环形的（或者在三维中是球面的）。

一般来说，用 $k-NN$ 方法得到的估计值不是很令人满意。估计容易发生局部噪声。该方法产生非常严重的尾部估计，并且密度估计将具有不连续性，因为它是不可微分的（参见图6.6和图6.7）。

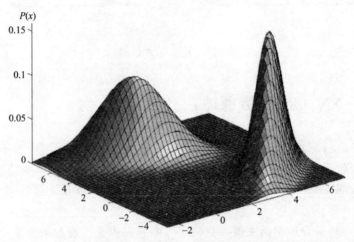

a) 真实密度，它是两个二变量高斯分布的组合

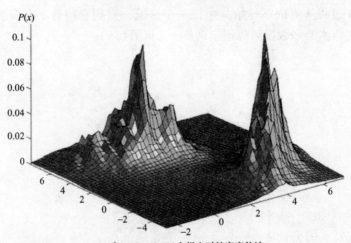

b) 当k=10，N=100个样本时的密度估计

图6.6　$k-NN$方法的性能图解

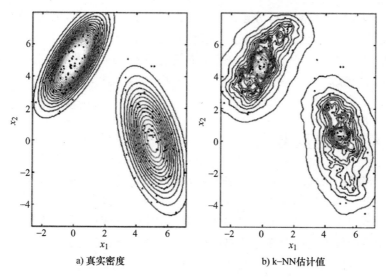

a) 真实密度　　　　　　　　　　　　b) k-NN估计值

图 6.7　对应图 6.6 的等值线图

k 值越大，分类边界越平滑。k 值越小，边界越曲折（见图 6.8）。

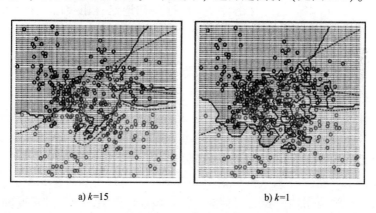

a) $k=15$　　　　　　　　　　　　b) $k=1$

图 6.8　k-NN 分类器图解

　　基本上没有 k-NN 方法的训练；它被认为是一种懒惰学习算法。它会延迟数据处理，直到它收到一个分类未标记（测试）示例的请求，它将其分类，然后丢弃任何中间结果。（这是与决策树和基于规则的分类器相反的策略，那些分类器称之为渴望学习分类器：只要训练数据可用，它们立即将输入属性映射到类别的模型）。其优点在于它的直观性、易于处理分析和简单实现，并且很容易进行并行运算。因为它可以自适应地使用本地信息（例如，通过在最小方差的维度上拉伸区域）。然而，它非常容易受到维度的灾难，即随着维度（特征数量）的增加，需要增加数倍的训练数据：经验法则是特征数量至少是每一类训练样本数量的十倍。

当在例如肿瘤检测中区分正常和异常类时，如果 k 个最近邻域中的至少 1 个在该特定类中，则应该修改标准，将新向量分配给特定类更为合理。（1）出现误判（例如，异常正常–假阴性）远大于其他类的误判（例如，正常的异常–假阳性）（2）出现一个不平衡的训练集，在这个训练集里一种类型比另一种类型的样本更多。

6.3   人工神经网络

人工神经网络（ANN）模型最初的动机来源于人类的神经系统。感知者身体里会发出信号来传达视觉、听觉、嗅觉、触觉、味觉、平衡、温度、疼痛等信息。神经细胞（即神经元）就是专门从事传输、处理和检索此类信息的自主细胞，对我们恰当回应内部和外部刺激非常重要。神经元沿着一条长长的细链，就是我们知道的轴突，传输顶端电流活动，轴突再分裂成成千上万的分支或终端，通过这些分支或终端，它们可以根据信号的大小开辟一片间隙（即突触）到其他神经元的树突（见图 6.9a）。大脑就是由大量的具有平行作用的神经元组成的。研究称，大脑的运行（由神经元执行）和记忆（由突触执行）都是通过网络一起分配的。根据阈值水平以及每个神经元每次输入所分配的权重，信息得以处理和存储。

神经元的数学模型称为感知器（见图 6.9b)，已用于尝试和模拟人类对大脑功能的理解，特别是并行处理的特点，目的是为了模拟模式识别的一些能力。一个人工神经网络是一个并行系统，它能够解决线性计算无法解决的范例。像其生物前身一样，ANN 是一种适应性系统，即可以在操作（训练）期间改变参数以适应该问题。它们可以用于各种分类任务，例如字符识别、语音识别、欺诈检测和医学诊断等。航空科学家 John Denker（AT&T Bell 实验室）一度引用神经网络的广泛适用性来表达"神经网络是做任何事情的第二种最好的方法"。

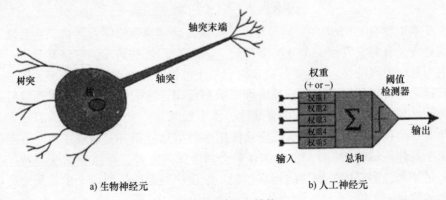

a) 生物神经元   b) 人工神经元

图 6.9   神经元结构

人工神经元是一个阈值逻辑单元，接受多个加权和输入；如果总和超过某个阈值时，感知器就被激活，一个输出值（一种可能性）就会传递到下一个单元。

人工神经元（McCulloch 和 Pitts，1943）有 n 个输入 $x_1,x_2,\cdots,x_n$ 模拟来自于树突的信号（见图 6.10）。每个输入通过加权连接到输出。输入用相应的通常为实际的权重 $w_1,w_2,\cdots,w_n$ 来标记。根据神经生理学动机，这些突触权重中的一部分可能是消极的，以表达其抑制性质。w_0 是偏置，也是来自额外偏置单位总是 +1 的 x_0 的截距值，这使得模型更通用。如果加权输入的和大于阈值 y，则神经元产生输出 +1，否则不输出，输出为 0。注意，不失一般性，阈值 θ 可以设置为 0，在这种情况下，实际阈值由偏差项 w_0x_0 来决定。

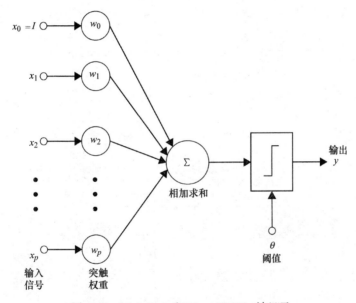

图 6.10 McCulloch 和 Pitts（MCP）神经元

考虑逻辑 AND 函数的实现。输入为二进制，如果函数为真（即如果输入 x_1 和输入 x_2 均为 1），则输出为 1（否则为 0）（见图 6.11a）。因此，它可以看作是两个类别的分类问题。对于 AND 函数，一个可能的判别函数为

$$g = x_1 + x_2 - 1.5 \tag{6.1}$$

它决定边界线时采用零值，线右侧和左侧分别为正值和负值（见图 6.11b）。它可以由单一的神经元来执行，其输出为

$$y = \text{step}\left[1x_1 + 1x_2 + (-1.5)x_0\right] \tag{6.2}$$

将输入（包括偏置）相加并传递给阈值函数（在这种情况下具有阈值 0）。对于（[0,0]），它接收到的输入为 -1.5，对于（[0,1]）它接收到 -0.5，而

对于（[1,0]）它接收到 -0.5，都低于阈值，产生输出在每种情况下为 "0"；对于（[1,1]），它接收到高于阈值的 0.5，产生 "1" 的输出。

x_1	x_2	AND
0	0	0
0	1	0
1	0	0
1	1	1

a) 逻辑 "AND" 函数的真值表

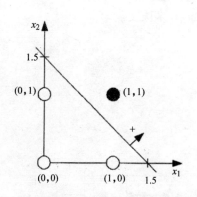

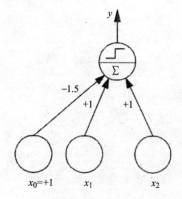

b) 在特征空间中所需的判别函数[其中实心圆表示输出为1("真")]，空心圆表示输出为0("假")

c) 实现它的感知器结构

图 6.11

同样地，判别函数也可以执行逻辑 OR 功能。

$$g = x_1 + x_2 - 0.5 \qquad (6.3)$$

感知器模拟线性判别函数，其使用在二维中为直线的决策边界，三维平面或更高维度的超平面来分割特征空间。偏离项（w_0）改变了决策边界的位置，而不是方向，而权重（$w_1, w_2, \cdots, w_n$）确定梯度。

逻辑 XOR（异或）功能的输出如图 6.12a 所示，如果任一输入（但不是两者）为 "1"，则它将产生 "1" 的输出。特征空间（见图 6.12b）显示了没有一条直线将两个类别分开（"0" 和 "1"，即 "真" 和 "假"）。据说 XOR 函数不是线性分离的。情况比 AND 或 OR 逻辑函数更复杂，一般来说，我们将使用多层神经网络来建模 XOR 函数（见本节后面部分）。实际上，当第一次意识到感知器只能学习（即模型）线性可分离函数（Minsk 和 Papert，1969）时，对神经网络的研究陷入了低潮。然而，在 20 世纪 80 年代，当多层网络可以学习非线性可分离函数时，研究工作又复兴了（Parker，1985 和 Le Cun，1986）。

对于具有两个二进制输入和一个二进制输出的单个感知器，存在四种可能

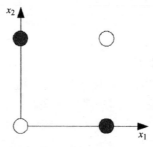

x_1	x_2	XOR
0	0	0
0	1	1
1	0	1
1	1	0

a) "XOR" 函数真值表　　　　　b) 特征空间中的输出

图 6.12

的输入模式, 每种输入模式可以产生 "0" 或 "1"。在 16 个可能的逻辑功能中, 只有 14 个 (可线性分离的) 可以实现。无法学习的是异或 (XOR) 和独占的 NOR 函数。

然而, 有一个技巧可以使用线性函数实现 XOR 函数。它涉及使用第三 (虚拟) 输入, 将问题转化为三维 (见图 6.13)。当在 (x_1, x_2) 平面 (即图 6.13 中的立方体的方向) 看时, 虚拟输入不会改变数据, 但是沿着第三维 (x_3) 移动点 $(1,1)$。这允许一个平面分离两个类。

x_1	x_2	x_3	输　　出
0	0	0	0
0	1	0	1
1	0	0	1
1	1	1	0

第三个输入 x_3, 可以从前面两个输入 (通过 AND) 获得, 可以有效地将另一层引入网络 (将很快回到多层网络)。

返回到一个神经元的普遍情况, 输出 y, 一般来讲是

$$y = \sum_{j=1}^{n} w_j x_j + w_0 = \boldsymbol{w}^{\mathrm{T}} \boldsymbol{x} + w_0 \quad (6.4)$$

式中, $\boldsymbol{w}$ 是权重向量, w_0 是偏差, 更一般地可以把截距值看作是来自额外的偏置单元 x_0, 其总是 $+1$ ($\boldsymbol{w}^{\mathrm{T}}$ 是 $\boldsymbol{w}$ 的转置, 用于使其成为列向量)。我们可以把输出写为一个点积 (又称标量积或内积)。

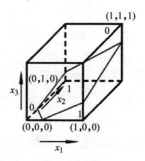

图 6.13 用于 "XOR" 问题的决策平面 (三维), 使用一个额外 (虚拟) 输入 x_3

$$y = w^{\mathrm{T}} \cdot x \qquad\qquad (6.5)$$

式中，w 和 x 是包括偏置权重（和阈值，$\theta = 0$）的增强向量。（记住，两个向量 a 和 b 的点积，$a \cdot b = \|a\| \cdot \|b\| \cos\theta$，其中 $\|a\|$ 是向量 a 的长度，θ 是两个向量之间的角度）。

神经网络学习使用反向传播算法。输入的数据重复呈现在网络中。随着每次呈现，网络输出用来与期望的输出进行对比，且把误差计算出来。误差反馈（即反向传播）到神经网络用于调整权重，经过每次这样的重复，误差减小，神经模拟会越来越接近于产生期望的输出，这个过程称为训练。

在训练过程中，权重进行调整，直到感知器的输出始终与训练实例的真实输出 y_i 一致。权重最初分配给小的随机值，并且使用一个接一个的训练示例去调整网络中的权重：使用所有示例，然后迭代整个过程，直到所有示例输出正确地分类。这就是学习过程。在数学上，在选择初始随机权重之后，计算预测输出 $\hat{y}_i^{(k)}$。然后根据其中 $w^{(k)}$，在第 k 次迭代之后与第 i 个输入链路相关联的权重来更新每个权重 w_j，称之为学习率，w_{ij} 是训练参数 x_i 的第 j 个属性的值。在权重更新公式中，对错误项最有贡献的链接是需要最大调整的链接。然而，权重不应该太剧烈地改变，因为仅针对当前的训练示例计算了误差项。否则，在以前的迭代中做出的调整将被撤销。学习率 η（0 和 1 之间，通常设置为 $0.1 < \eta < 0.4$）用于控制在每次迭代中进行的调整量。如果 $\eta \approx 0$，那么新的权重会更倾向于受到老权重的影响；如果 $\eta \approx 1$，那么新权重对当前迭代中的调整是敏感的。继续学习，直到迭代错误 $y_i - \hat{y}_i^{(k)}$ 小于用户指定的阈值或预定次数的迭代已经完成。

$$w_j^{(k+1)} = w_j^{(k)} + \eta(y_i - \hat{y}_i^{(k)})x_{ij} \qquad\qquad (6.6)$$

权重学习问题可以看作是确定全局最小误差，这个误差是以错误分类的训练样例的比例计算的，所有这些都是在所有输入值可以变化的空间上。因此，可能在一个方向上移动得太远，并且改善一个特定的权重以损害总和。虽然总和可能适用于正在研究的训练示例，但是它可能不再是正确分类所有示例的良好价值。为此，限制了可能的移动量。如果权重实际上需要大的改变，那么这将通过示例集的一系列迭代发生。如果 η 太小，每一步的权重变化很小，则该算法需要的收敛时间就长（见图 6.14a）。相反，如果 η 太大，可能会围绕错误表面进行弹跳，则该算法会偏离（见图 6.14b）：这通常在计算机的浮点运算中以一个溢出错误结束。

有时，由于通过整套训练样本的迭代次数增加，η 设定为衰减率，因此它可以朝向全局最小值移动得更慢，以便不会在一个方向上超调。（这是多层网络学习算法中使用的梯度下降的一种）。

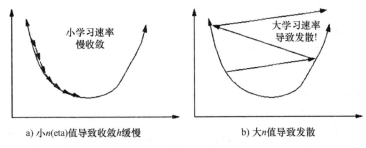

a) 小n(eta)值导致收敛h缓慢　　　　b) 大n值导致发散

图　6.14

例6.1　学习

有两个输入的神经元，我们可以很容易地决定使用什么样的权重以便得到正确的输出，但有了更复杂的函数（更多输入或更多层级），就不那么容易决定了。那就让感知器自己进行学习从而找出自己合适的权重。再次考虑一下 AND 函数（见图6.11），我们希望能够随机分配权重，并且在整个训练集多次呈现时通过调节这些权重来训练感知器给出正确的输出（将会按照训练值的要求呈现）。这项权重的调整将按式(6.6) 来进行。

请看电子数据表 perceptron. xls（从 http://extras. springer. com 下载），让我们学习诸如 AND 这样一些简单的函数。

如果我们从 $w_0 = w_1 = w_2 = 0.5$ 的权重开始，并在第一个训练周期给网络第一个训练数据（[0,0]），则网络产生 1 的输出，但它应该输出 0：错误是 -1，所以权重会改变。使用式(6.6) 和学习率 $\eta = 1$。

$$w_0 = 0.5 + (0.1 \times 1 \times -1) = 0.4$$
$$w_1 = 0.5 + (0.1 \times 0 \times -1) = 0.5$$
$$w_2 = 0.5 + (0.1 \times 0 \times -1) = 0.5$$

这些值成为新的权重。下一个训练对（[0,1]）当它应该产生 0 的时候同样产生了 1，因此这些权重需要重新加以计算。接下来的训练对（[1,0]）当它需要产生 0 的时候同样产生了 1，则权重必须再次调整。最后，我们应用（[1,1]）到网络中。这次输出了 1，这是需要的输出值：没有错误发生，所以权值保持不变。由于此轮次的呈现产生了三次错误，我们需要继续训练，用另一周期数据给网络训练。训练持续到在新的周期中没有错误产生（即直到输出值向需要的输出值靠拢）。在这个阶段，四个周期之后，权重分别成为 0.3，0.2 和 0.2。这些是图6.11c 中权重不同的值，但权重中的比率是一样的，这样的话导致的决策边界是相同的。（但请注意，决策边界可以移动一点且仍然执行 AND 函数：它仅仅需要区分两个类）。

我们可以在每一个周期追踪决策边界并做标绘，然后确认只有在第四轮次后，决策边界才能区分两类输出。

改变起始权重的效果是什么？

如果学习率改变，会发生什么？

如果尝试让感知器学习 OR，NAND 和 XOR，会发生什么？

如果学习集不是线性可分的，感知器学习算法不会终止。然而，在许多现实世界的情况下，即使学习集不理想，也可以找到"最佳"线性分离。口袋算法（Gallant 1990）是感知器规则的修改。它通过在继续学习的过程中将最佳权重向量存储在其"口袋"中来解决稳定性问题。仅当找到更好的权重向量时，权重实际上才被修改。在另一个变型中，ADALINE（自适应线性元素或自适应线性神经元），在阈值步骤之前（Widrow 和 Hoff, 1960）对权重（使用近似梯度下降）进行校正。

可以通过在输出时安排激活函数而不是阈值函数使我们的感知器更为有效。具有同样作用的其他激活函数的例子包括线性函数、可以在神经元的低输入和高输入间轻松进行转换的 S 形（符号逻辑）函数以及双曲正切函数（见图 6.15）。

$$y = \text{sigmoid}(o) = 1/(1 + \exp(-w^{\text{T}}x)) \tag{6.7}$$

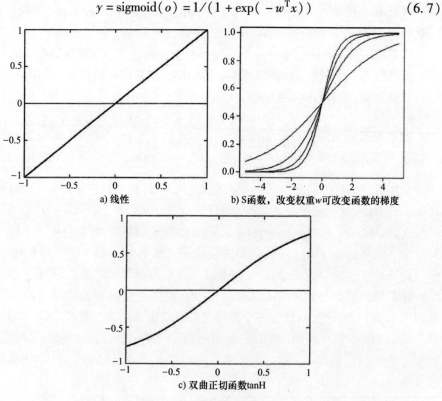

a) 线性   b) S函数，改变权重w可改变函数的梯度

c) 双曲正切函数tanH

图 6.15　激活函数形状

在神经网络中，大量简单元素（神经元）以可变的拓扑结构结合在一起。目的是在训练过程中开发一个拓扑结构，以便对模式进行正确的分类。网络是动态的，因为权重和激活功能可以随着时间而改变。在多层网络［或多层感知器（MLP）］中，神经元配置为包含输入层、一个或两个"隐藏"层和输出层的分层结构。图 6.16 显示了一个双层网络（输入神经元通常不会形成一层，因为它们只是将数据传入网络的一种手段：隐层是第一层，输出层是第二层），它有四个输入，五个隐藏节点和一个输出节点。在前馈网络中，一层中的节点仅连接到下一层中的节点。（在循环网络中，节点可以连接到相同或以前的层中的其他节点）。

训练使用可用数据的一小部分来优化所有权重和阈值（或其他激活函数参数）。优化程序可用于确定理想拓扑和激活功能的性质。

ANNs 的通用近似定理（Cybenko，1989 和 Hornik 1991）指出，将实数间隔映射到实数的某个输出间隔的每个连续函数可以由仅一个隐层的多层感知器任意地近似。有两个隐藏层很少改善这种情况，并且可能引入更大的融合到局部最小值的风险。（请注意，不间断数据需要两个隐藏层）。

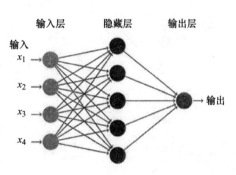

图 6.16　一个简单的两层（前馈）神经网络

最重要的问题之一是在隐藏层中使用的神经元有多少。如果使用的神经元的数量不够，网络将无法模拟复杂的数据，得到的拟合度会很差。如果使用的神经元过多，训练时间可能过长，更糟糕的是，网络与数据可能会过拟合。

当过拟合发生时，网络在数据中会开始模拟任意噪声。结果就是，模拟与训练数据的匹配会非常好，但对新的测试数据的概括性会很差。必须使用验证（validation）来检测这种情况。

例 6.2　逻辑异或函数的实现

x_1	x_2	y
0	0	0
0	1	1
1	0	1
1	1	0

回到 XOR 函数，我们看到无法使用单行的决策边界来解决（见图 6.12）。然而，可以使用两条判别线将"真"与"假"分开（见图 6.17a），判别函数可以是：

$$y_1 = x_2 - x_1 - 0.5$$

$$y_2 = x_2 - x_1 + 0.5$$

它需要两层网络（见图 6.17b），且 $w_{11} = w_{12} = -1$，$w_{21} = w_{22} = 1$，$b_1 = -0.5$，$b_2 = 0.5$。我们也可以使 $w_1 = -1$，$w_2 = 1$，$b_0 = 0$。（所需的三个阈值是什么？）

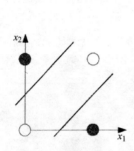

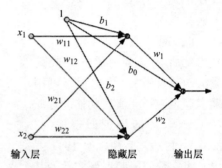

a) 在特征空间中所需的判别函数[其中黑色的圆圈表示
"True"输出（"1"），白色的圆圈表示"False"输出（"0"）]

b) 相应的实现神经网络

图　6.17

或者，我们可以使 $w_{11} = w_{12} = w_{21} = w_{22} = 1$，$w_1 = 1$，$w_2 = -1$，$b_0 = b_1 = b_2 = -0.5$。对于输入（1,0），隐层中顶层神经元的输入为 0.5，高于阈值（0），使得该神经元信号的输出为 1。输入到底部神经元隐藏层为 0，所以不输出，输出为 0。到达输出神经元的信号为 0.5，所以这个神经元信号的输出为 1。应该检查所有其他可能输入的输出。当输入 x_1 和 x_2 彼此不同时，应该可以看到输出层中的神经元（给出 1），但是当它们相同时，它们不会显示，这便是 XOR 函数。

为了学习人工神经网络模型的权重，当提供足够数量的训练样本时，需要一种有效的算法来收敛到正确的解决方案。目标是确定最小化平方误差总和的一组权重 w：

$$\frac{1}{n} \| y - \hat{y} \|^2 \tag{6.8}$$

请注意，误差平方和取决于 w，因为预测类 $\hat{y}$ 是一个分配于隐藏和输出节点的权重函数。如果将 $\hat{y}$ 替换为 $w^T x$，那么误差函数就是一个二次曲面。

优化方法如最陡度（或梯度）下降和共轭梯度，如果它们在靠近局部最小值的山谷中开始搜索，就很容易产生局部最小值。它们无法看到全局，发现全局最低。已经尝试了几种方法来避免局部最小值。最简单的只是尝试一些随机起点，并使用具有最佳值的那个。一种更复杂的技术称为模拟退火，通过尝试广泛分离的随机值，然后逐渐减少（"冷却"）随机跳跃，希望位置越来越接近全局最小值，从而改善这一问题。

对隐藏节点的权重的计算是琐碎的，因为不知道其输出值应该是多少，难以评估误差项。反向传播（更具体地说，是误差的反向传播）已发展到为多层网络处理这个问题。有了反向传播法，输入的数据就被多次呈现到神经网络中去。经过每次迭代，神经网络的输出值与期望的输出值进行对比，然后误差就被计算出来了（见图 6.18）。这个误差然后反馈（反向传播）回神经网络被用于调整权重，经过这样的重复，误差就会逐渐减小，神经网络模型就越来越接近于产生期望的输出。事件的序列一直加以重复，直到达到一个可接受的误差或者直到网络不再学习。这个过程称之为训练。

训练 ANN 是一个耗时的过程，尤其当隐藏节点的数目巨大的时候。训练集（类标签已知的模式）呈现在网络中，权重被加以调整以使输出接近目标值。在随机训练中，模式从训练集中随机选择，网络权值为每一次模式表达进行更新。

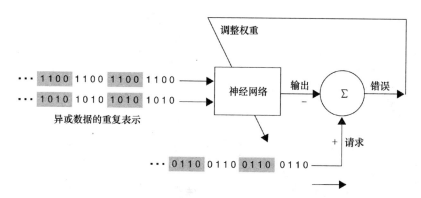

图 6.18　学习建模 XOR 函数的多层神经网络

在随机训练中，加权更新可以减少所呈现的单个模式上的错误，但是增加了训练集合上的错误。然而，给定大量这样的单独更新，总误差会减小。在批量训练中，所有的模式都会在学习前呈现给网络。在几乎每种情况下，我们必须通过训练数据进行多次迭代。在批次训练方案中，首先引入所有的训练模式，并对其对应的权重更新进行总结，只有网络中的实际权重更新了。迭代该过程，直到满足一些停止标准。在线训练中，每种模式只呈现一次，也没有使用存储器来存储模式。

在训练开始之前，训练集上的错误通常很高。通过学习，错误变得更低，如学习曲线所示（见图 6.19）。独立测试集上的平均误差（每个模式）总是高于训练集，而通常减小时，它可以增加或振荡。使用验证集（包括新的代表性测试模式）来决定何时停止训练：当进行到该集合上的最小平均误差时停止训练。图 6.19 中验证集的曲线表明，训练应该在大约第五周期停止。（将在第 8 章中详细地考虑验证，或更一般的交叉验证）。测试集用于测量网络的性能。

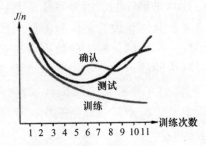

图 6.19 典型的学习曲线。单个模式的平均错误可绘制为迭代次数的函数

表 6.1 总结了神经网络的优点和缺点。

表 6.1 神经网络的优点和缺点

优 点	缺 点
它可以执行线性分类器不能执行的任务	它需要训练后来运行
如果其中一个神经元失败，因为它具有并行性，网络可以继续运行	它使用的是不同的架构微处理器（需要仿真模式）
它可以学习，不需要重新编程	大型网络要求较长的加工时间
它在任何应用中都很容易得到改进	

在可分离的问题中，感知器可以找到不同的解决方案。找到确保最大安全容限训练的超平面（即类别之间的最大分离边界）将是有趣的（见图 6.20）。超平面的边缘触摸有限数量的特殊点（称为支持向量）定义了超平面。只有支持向量需要获得这个超平面，其他训练样本可以忽略。

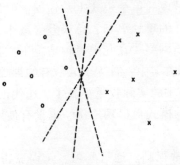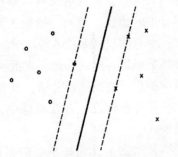

a) 感知器可以找到线性可分问题的不同解   b) 该解决方案确保了最大的安全性

图 6.20

这种所谓的最佳感知器（即具有最佳稳定性）可以通过迭代训练和优化方案［例如 Min – Over 算法（Krauth 和 Mezard，1987）或 AdaTron（Anlauf 和 Biehl，1989）］来确定。最优稳定性的感知器与内核技巧一起是支持向量机的基础概念之一。

6.4 内核机

支持向量机（Cortes 和 Vapnick，1995），后来概括为内核机，当它应用到手写识别任务（即输入像素图，并产生非常准确的结果）时被广泛使用。对于线性可分离的问题，通过最大化边界，超平面上垂直距离到其两侧最靠近的实例（支持向量），确定最佳分离超平面。对于非线性可分离问题，我们可以解决出现最小误差的超平面，或者可以通过使用适当选择的基函数进行非线性变换来映射数据到更高维空间中，其中问题可能变成线性的。例如，在 6.3 中看到的那样，XOR 问题是一个非线性可分离的问题。然而，可以通过将输入转换为更高维的空间来解决它，在高维空间中输入数据是线性可分离的（见图 6.13）。这是内核技巧背后的基本思想（同时也是内核机器名称的起源）。

从直觉上和根据 PAC（可能近似正确）理论两个方面来讲，使分离超平面的边际最大化似乎是个好主意。分离超平面的方程式为

$$w^{\mathrm{T}}x + b = 0 \qquad (6.9)$$

在这个方程式中，w 和 b 是模型的参数，例如 x_i 到超平面的距离由下式给出：

$$r = (w^{\mathrm{T}}x + b) / \parallel w \parallel \qquad (6.10)$$

最接近超平面的示例称为支持向量，分隔符的（分类）边界是来自不同类的支持向量之间的距离（见图 6.21）。这是一个受到线性约束的二次优化问题。这些都是众所周知的数学规划问题。

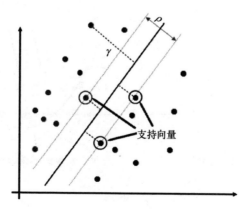

图 6.21 支持向量和分类边际

支持向量机基本上是一个两类的分类器。如果训练集不是线性可分的，可以通过引入松弛变量来允许困难或噪声实例的误分类，它可能找到一个解决方案，导致一个所谓的软边际。如果这不管用，原始特征空间需要映射到一个高维特征空间中，在那里，训练集是可分离的（见图6.22）。这涉及所谓的内核技巧，并且依赖于计算向量之间的内积$X_i^T X_j$。典型的内核函数有线性、多项式和高斯分布根式基本函数。

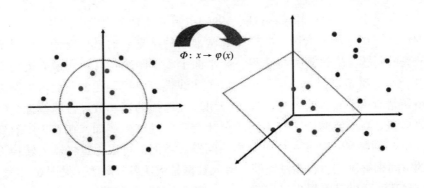

图6.22　将非线性 SVM 变换到高维特征空间

例6.3　使用一个多项式内核

假设有五个一维的数据点，$x_1 = 1$，$x_2 = 2$，$x_3 = 4$，$x_4 = 5$，$x_5 = 6$，1，2 和 6 为 1 类，4，5 是 2 类（见图6.23a）这显然是非线性问题。

引入第二个维度 y，$y_1 = 1$，$y_2 = 1$，$y_3 = -1$，$y_4 = -1$，$y_5 = 1$，并使用一个 2 维多项式核，$K(x,y) = (xy+1)^2$ 给定一个判别函数，$f(y) = 0.6667\,x^2 - 5.333x + 9$ 成功将其分成两类（见图6.23b）。

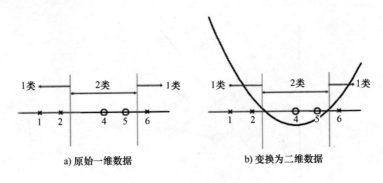

a) 原始一维数据　　　　b) 变换为二维数据

图　6.23

6.5 练习

1. 请解释一个感知器怎样用来执行逻辑异或函数。

2. 考虑一个具有两个输入、一个输出和一个阈值激活函数的神经元。如果两个权重是$w_1 = w_2 = 1$，偏离率为-1.5，那么输入（$[0,0]$）的输出是多少？输入（$[0,1]$），（$[1,0]$）和（$[1,1]$）的输出分别是多少？画出判别函数，并写出它的方程式。逻辑函数代表什么？

3. 一种解决 XOR 函数的方法是将问题映射到三维空间中，通过包括一个第三输入 x_3，它沿着第三维度移动点 $x_1 = 1$，$x_2 = 1$，但是当它被看到使用投影到x_1，x_2 平面时并不改变结果。这允许线性平面（直线的二维模拟）来分隔点。（1）为一个带有三个输入的 XOR 构建一个真实桌面；（2）在三维图表中绘制一个决策平面；（3）在神经网络中这如何实现。

4. 图 6.24 显示了一个多层神经网络，它涉及一个单一的隐藏神经元，并且直接从输入跳跃到输出。（1）为所有变量x_1, x_2, x_3和x_4构建一个真值表，说明网络解决了 XOR 问题；（2）在x_1-x_2平面绘制x_3的决策边界；（3）在x_1-x_2平面绘制x_4的决策边界，并解释如何得到这个结果。（注意：决策边界不应该仅限于单位平方）。注意：每个神经元上方的数目为阈值，它从净输入中被去除。例如，x_3的方程式是$x_3 = \text{step}(x_1 + x_2 - 1.5)$。

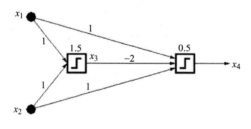

图 6.24 XOR 实现

参考文献

［1］Anlauf，J. K.，Biehl，M.：The AdaTron：an adaptive perceptron algorithm. Europhys. Lett. 10，687－692（1989）

［2］Cortes，C.，Vapnick，V. N.：Support－vector networks. Mach. Learn. 20，273－297（1995）

［3］Cybenko，G.：Approximations by superpositions of sigmoidal functions. Math Control Signal Syst 2，303－314（1989）

[4] Gallant, S. I.: Perceptron - based learning algorithms. IEEE Trans. Neural Netw. 1, 179 - 191 (1990)

[5] Hornik, K.: Approximation capabilities of multilayer feedforward networks. Neural Netw. 4, 251 - 257 (1991)

[6] Krauth, W., Mezard, M.: Learning algorithms with optimal stability in neural networks. J. Phys. A 20, 745 - 752 (1987)

[7] Le Cun, Y.: Learning processes in an asymmetric threshold network. In: Bienenstock, E., Fo-gelman - Smith, F., Weisbuch, G. (eds.) Disordered Systems and Biological Organization, NATO ASI Series, F20. Springer - Verlag, Berlin (1986)

[8] McCulloch, W., Pitts, W.: A logical calculus of the ideas immanent in nervous activity. Bull. Math. Biophys. 7, 115 - 133 (1943)

[9] Minsky, M. L., Papert, S. A.: Perceptrons. MIT Press, MA (1969)

[10] Parker, D.: Learning Logic. Technical Report TR - 87. MIT Center for Computational Research in Economics and Management Science, Cambridge, MA (1985)

[11] Widrow, B., Hoff, M. E.: Adaptive switching circuits. In 1960 IRE WESCON Convention Record, part 4, pp. 96 - 104. IRE, New York (1960)

第7章

特征提取及选择

7.1 降维

在大多数分类应用中，其复杂程度取决于特征的数量 d（导致 d 维的特征空间）和（训练）数据样本的数量 N。随着维度（特征数量）的增加，训练数据的量就需要增加（这称为维度诅咒）。为了减少计算的复杂性，特征数应减少到足够少。当能够确定一个特征是不必要的而被舍弃，那就可以节省提取它的成本。当数据可以用更少的特征解释时，数据可以更容易直观地分析，对潜在的过程会有更好的分析。人类在一维、二维或三维方面具有非凡的能力来辨别模式和聚类，但这些能力在四维或更高的维度中就大大降低了。如果维持这种缺乏辨别力的特征（由于与另一特征的高相关性），分类器将更加复杂且有可能表现不佳。因此，简单模型需要的数据集也较小。

对于一个有限的大小为 N 的样本，增加特征的数量，最初会提高分类器的性能，但经过一个临界值之后，特征数量（d）的进一步增加会降低性能从而导致数据的过度拟合（见图 7.1），称为峰值现象。在大多数情况下，放弃一些特征而丧失的附加信息会在更低维度的空间由更准确的映射得到（更多的）补偿。

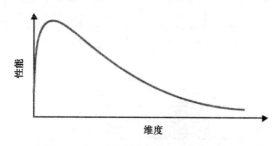

图 7.1 基于特征空间维数的分类器性能

降维的方法主要有两个：特征选择和特征提取。在特征选择中，可以（从一共 d 个特征中）选择能提供大多数信息的 k 个特征，放弃其他（$d-k$）个特征。执行特征选择的方法包括使用类内/类间距离和子集选择。在特征提取中，找到了一组新的 $k(<d)$ 个特征，它是原始 d 个特征的组合特征。这些方法可能是监督算法或者是无监督算法。最广泛使用的特征提取方法是主成

分分析法（PCA）和线性判别分析法（LDA），分别是无监督和监督的线性投影方法。

7.1.1 预处理

在使用数据之前，应该去除异常值，将特征扩展到可比较的动态范围（即归一化），并处理不完整的数据。

异常值是偏离了相应的随机变量的平均值的数据。它们在训练过程中会产生大量误差，尤其当它们是噪声时。对于一个正态分布，可以从平均值中消除超过三倍标准差的数据点（因为它们有低于1%的机会属于分布）。

该特征可以标准化到零均值和单位变体，使用转换式：

$$x' = \frac{(x - \bar{x})}{\sigma} \tag{7.1}$$

在这个转换式中，$\bar{x}$ 和 σ 是原始特征值的平均值和标准差。如果原始数据不均匀地分布在均值附近，可以进一步使用下面的转换式（所谓的 softmax 缩放）：

$$x' = \frac{1}{1 + \exp(-x')} \tag{7.2}$$

处理不完整数据的一种方法是从以已知值为特征的分布中随机生成缺失值。

7.2 特征选择

7.2.1 类内/类间距离

好的特征是有差别的。直观地说，应该有较小的类内距离和较大的类间距离。图 7.2 显示了一个单一特征、两个等概率的类情形的例子。

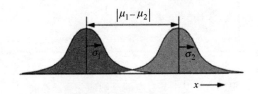

图 7.2 区分两个等概率类的单一特征 x

图 7.3 显示了一个更复杂的情况，有两个特征和四个类的训练集。散点图显示的是四个类，每个类都有它自己的（散点内）矩阵 S_w，散点图描述每个类内部的散射以及造成的围绕在类均值附近的典型的椭圆等值线，一个等值线表示一个类（见图 7.3a）。还有一个散点间的矩阵 S_b，描述有关总体均值的类均值的散点

图，由此产生的等值线也在图中有所显示。类的可分离性就是类内距离 J_{INTRA}（由 S_b 给出）和类间距离 J_{INTER}（由 S_w 给出）的比例，即 $trace(S_b)/trace(S_w)$。这可以被视为一个信号噪声比。这些数据然后可加以标准化（到范围 $[-1/2, +1/2]$）（见图7.3b），去相关性（为去除交叉相关）（见图7.3c），并且白化以便 $S_w = I$，并且它的等高线成为有单位半径的圆（见图7.3d）。在这个转化空间中，与散点间有关的椭圆的区域，称为类内/类间距离，它是一个有用的运行方式，并由下面的公式给出：

$$J = trace(S_w^{-1} S_b) \qquad (7.3)$$

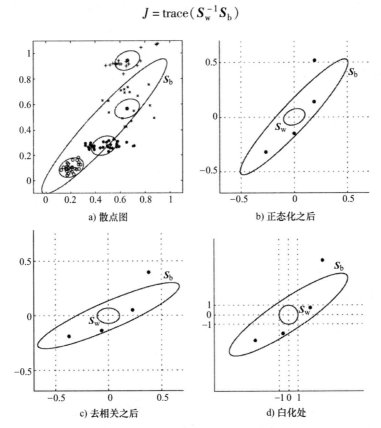

a) 散点图　　　　　　　　　b) 正态化之后

c) 去相关之后　　　　　　　d) 白化处

图7.3　两个特征、四个类的数据

此标准在一维、两类问题中采用了一种特殊格式。对于等概率的类，$|S_w|$ 正比于 $\sigma_1^2 + \sigma_2^2$，$|S_b|$ 正比于 $(\mu_1 - \mu_2)^2$。将它们结合起来就得到了 Fisher 的判别比率（FDR）：

$$FDR = \frac{\mu_1^2 - \mu_2^2}{\sigma_1^2 + \sigma_2^2} \qquad (7.4)$$

7.2.2　子集选择

最好的子集是包含最少数目的特征且对准确性做出贡献的特征集合。d 个特征有 2^d 种可能的子集。除非 d 很小，否则我们不能为所有这些子集做测试。有两种方法：①正向选择，我们开始没有变量然后一一添加，每添加一步，都要最大限度地减少合适的误差测度，直到进一步的添加不会降低误差（或仅仅略有下降）。②反向选择，我们从所有的变量开始一个接一个将它们移除，每移除一步，都要最大限度地减少误差（或仅仅略有增加），直到进一步的移除使误差明显增大。无论哪种情况都需要检测与训练集有极大不同的校验集的误差，因为要测试泛化精度。

根据应用程序，误差测度要么是均方误差，要么是误分类误差。在正向选择和反向选择中，过程的代价都很高，并且不能保证找到最佳的子集。

子集选择不可用于人脸识别，例如，因为个人像素自身不带有太多的判别性的信息，而是带有人脸身份信息的许多像素的组合。

7.3　特征提取

在投影的方法中，以信息最小损失为目标找到从原始 d 维空间到新的 $k(k<d)$ 维空间的映射。最佳映射将是导致最小误差概率不增加的映射，即应用于初始（d 维）空间和减少的（k 维）空间的贝叶斯决策规则产生了相同的分类失误。一般来说，最优映射将需要非线性函数，但是我们将限制自己进行线性映射。在线性特征提取的范围内，两种技术是常用的：主成分分析法（PCA）和线性判别分析法（LDA）。

7.3.1　主成分分析法

主成分分析法［也称为 Karhunen – Loe'e(KL) 变换法］的目标是在低维空间中准确地表示数据。应该保留尽可能多的高维空间中的随机性（方差）。这是通过使数据居中并使轴与方差最大的方向一致的转换来实现的（见图7.4）。

每个主成分（$PC_1,PC_2,\cdots$）是原始变量的线性组合，还有许多与原始变量一样多的主成分。第一主成分具有尽可能高的方差，（即它尽可能地解释了数据的变化），并且在与之前的成分正交（即不相关）的限制下，每个后续成分又具有最大的方差。通常情况下，原始数据的方差可以用最初的少数的几个主成分来解释，其余部分可忽略。在这种情况下，使用主成分可以减少数据的维数，使其更经得起视觉检测、聚类和模式识别成果的检验。在图7.5中，大多数的方差发生在 x_1' 方向，而 x_2' 方向可被忽略。

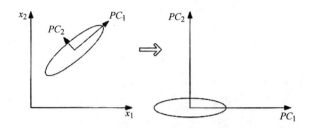

图7.4 PCA方法以数据为中心,围绕轴线转向最高方差方向。
如果在PC_2上的方差很小,它可加以忽略并且维数从二减到一

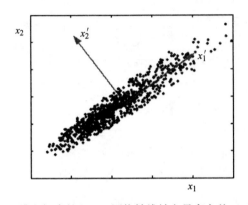

图7.5 二维空间中的PCA:围绕轴线转向最高方差 (x'_1) 方向

主成分分析法可以用最能解释其方差的方式揭示内部数据结构,但它对总数据并没有考虑类标签 (即它是无监督的)。无法保证最大方差的方向对判别会做出良好特征。

主成分通过向原始数据的协方差矩阵斜向移动而获得 (见图7.6)。它们的方向和大小分别由原始的协方差矩阵的特征向量和特征值得出。

$$\Sigma x = \lambda x$$

$$(\Sigma - \lambda I)x = 0$$

式中,λ 是 Σ 的特征值,x 是其相应的特征向量。

如果按降序排列特征值,那么第一个特征向量将是第一主成分轴线的方位余弦,且第一特征值将是沿这条轴线的方差,以此类推。值得注意的是,总的不变性可保留,即主成分的方差之和等于原始变量的方差 [trace(Σ)] 和。因此,任何特征值λ_i对总方差的贡献就是$\lambda_i/\text{trace}(\Sigma)$。

意识到主成分分析法只有在原始变量相关的情况下才发挥作用是非常重要的。如果它们高度相关,特征向量就会少,特征值就会变得很大,通过保持只有 k 个最大的主成分可以大幅度地减少维数。

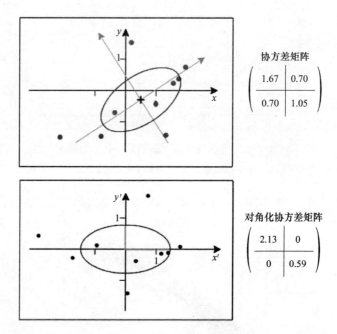

协方差矩阵

$$\begin{pmatrix} 1.67 & 0.70 \\ 0.70 & 1.05 \end{pmatrix}$$

对角化协方差矩阵

$$\begin{pmatrix} 2.13 & 0 \\ 0 & 0.59 \end{pmatrix}$$

图7.6　对角化之前（上图）和之后（下图）的一个二元高斯
分布协方差矩阵及其相应的等高线图

注意，如果数据非常嘈杂，PCA 可能会最终提示最嘈杂的变量是最重要的，衡量变量的熵将是一种方法来确定某些变量是否太嘈杂而不能包括在分析中。

在三维中有三个主成分（见图7.7），从最重要到最不重要进行了排列。

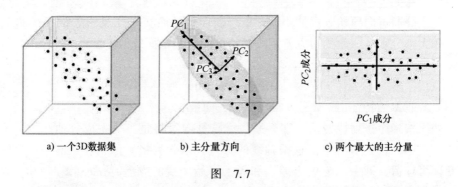

a) 一个3D数据集　　　b) 主分量方向　　　c) 两个最大的主分量

图　7.7

一个经典的多变量数据集就是 Fisher 的 IRIS（鸢尾花）数据（Fisher，1936），它由 IRIS 的三个品种（丝葵、锦葵和云芝）的每一品种的 50 个样本组成（见图7.8）。每个样本测量了四个特征（花萼和花瓣的长度和宽度）。

a) 丝葵　　　　　　　b) 云芝　　　　　　　c) 锦葵

图7.8　IRIS（鸢尾花朵）

特征（成对出现）的散点图矩阵对判断特征是否相关很有用，即在数据集内它们在一定程度上是否有关联（见图7.9）。

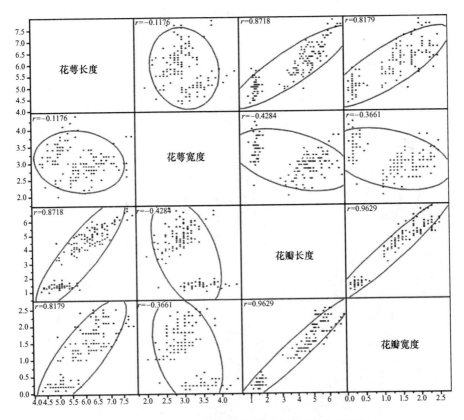

图7.9　费舍尔 IRIS（鸢尾花朵）数据的散点图矩阵。
(丝葵特征用红色绘制，云芝特征用绿色绘制，锦葵特征用蓝色绘制；
在每一幅图中，椭圆的等高线包围了 95% 的特征

由散点图矩阵的相关系数形成的相关矩阵见表7.1。

表7.1　与图7.9的散点图矩阵相一致，显示相关系数的相关矩阵

	花萼长度	花萼宽度	花瓣长度	花瓣宽度
花萼长度	1	−0.118	0.872	0.818
花萼宽度	−0.118	1	−0.428	−0.366
花瓣长度	0.872	−0.428	1	0.963
花瓣宽度	0.818	−0.366	0.963	1

花瓣长度与花瓣宽度是高度相关的，而与花萼长度和花萼宽度是不太相关的。由于高相关性，花瓣宽度不提供尚未由花瓣长度提供的信息。

可以产生任何三个特征的3D散点图（如图7.10），但不能将四个一起进行可视化处理。散点图是旋转的，我们很清楚、很容易将丝葵（红色）与其他两个品种区分，但是不太容易将锦葵（蓝色）与云芝（绿色）区分。

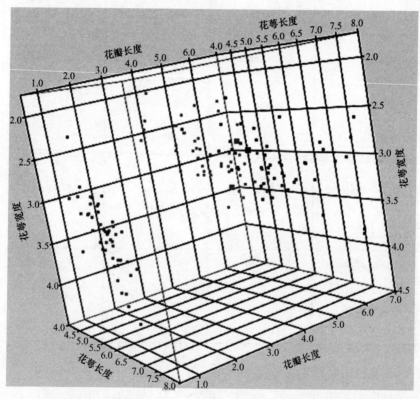

图7.10　显示花萼长度、花萼宽度与花瓣长度的费舍尔 IRIS 数据的三维散点图

主成分分析法揭示了最大方差的方向。对于 IRIS 数据来说，三个最大的主

成分如图 7.11 所示。重叠的双标图显示原始四个变量的方向。可以看出,它们
中的两个是高度相关的(即在非常相似的方向上)。

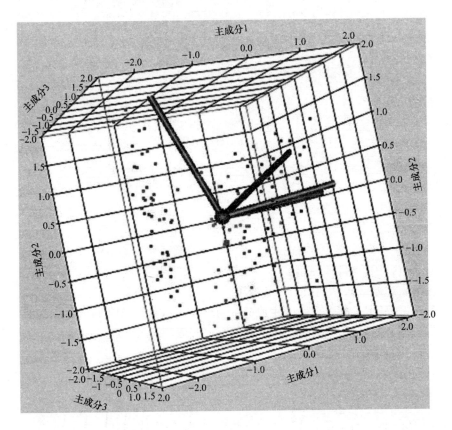

图 7.11 三个最大主成分的三维散点图。重叠轴线图显示了原有的四个变量的方向。
可以看出,其中两个是高度相关的(即出于非常相似的方向)

由每一主成分所占的总方差的比例与每个特征值的大小是成正比例的(见
图 7.12a)。画出与主成分的数目相对的特征值(或百分比贡献)称为碎石图,
它对于决定需要保持多少主成分来捕获数据的最大方差是有用的。第一个主成
分占变化的95.8%,因此只保留它们将保留数据的大部分变化,并将维数从4
减小到2。如图 7.12b 所谓的碎石图所示。(碎石是一个术语,指陡峭的悬崖底
部积累的碎石,跟这个图很相似。)

主成分是原始变量的线性组合;对于这些数据,前两个主成分 P_1 和 P_2,由
下列公式得出:

$$P_1 = (0.3683 \times 花萼长度) + (-0.3617 \times 花萼宽度) + (0.1925 \times 花瓣长度) +$$
$$(0.4338 \times 花瓣宽度) + (-2.2899)$$

111

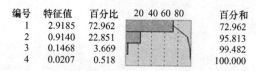

编号	特征值	百分比	20 40 60 80	百分和
1	2.9185	72.962		72.962
2	0.9140	22.851		95.813
3	0.1468	3.669		99.482
4	0.0207	0.518		100.000

a) 主成分对总方差的特征值和贡献值

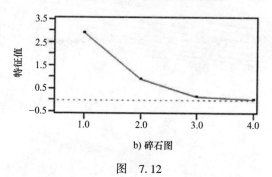

b) 碎石图

图 7.12

$$P_2 = (0.4767 \times 花萼长度) + (2.2156 \times 花萼宽度) + (0.0145 \times 花瓣长度) +$$
$$(0.0919 \times 花瓣宽度) + (-9.7245)$$

注意将原始轴移动到质心的常数项。

图 7.13 显示了基于前两个主成分的 IRIS 数据的散点图。PCA 对异常值(它应该在到质心的马氏距离的基础上丢弃掉)和噪声是敏感的(参见前面关于熵的论述)。

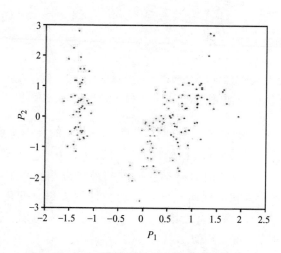

图 7.13 IRIS 数据的前两个主成分的散点图

必须记住 PCA 是一类程序(使我们根据类将 IRIS 数据用不同的颜色标出来),因此不能帮助分离类。[Karhunen – Loe've 扩展允许使用类信息;而不是使用整个样本的协方差矩阵,它估计单独的类协方差矩阵,采用它们的平均值(由前项加权),并使用其特征向量。]

PCA 仅限于寻找原始特征的线性组合,在很多应用中它是足够的,但可能会导致大量信息的丢失。若要保留这种信息,则需要一种非线性映射方法。[如多维缩放(MDS)(Kruskal 和 wish,1977)]

例 7.1 找出下列数据集的主成分(见图 7.14):

$$x = (x_1, x_2) = \{(1,2),(3,3),(3,5),(5,4),(5,6),(6,5),(8,7),(9,8)\}$$

协方差矩阵 $\Sigma = \begin{pmatrix} 6.25 & 4.25 \\ 4.25 & 3.50 \end{pmatrix}$

特征值是特征方程的零点

$$\Sigma v = \lambda v \Rightarrow |\Sigma - \lambda I| = 0 \Rightarrow \begin{vmatrix} 6.25 - \lambda & 4.25 \\ 4.25 & 3.5 - \lambda \end{vmatrix} = 0 \Rightarrow \lambda_1 = 9.34; \lambda_2 = 0.41$$

特征向量就是这个问题的答案

$$\begin{pmatrix} 6.25 & 4.25 \\ 4.25 & 3.5 \end{pmatrix} \begin{pmatrix} v_{11} \\ v_{12} \end{pmatrix} = \begin{pmatrix} \lambda_1 v_{11} \\ \lambda_1 v_{12} \end{pmatrix} \Rightarrow \begin{pmatrix} v_{11} \\ v_{12} \end{pmatrix} = \begin{pmatrix} 0.81 \\ 0.59 \end{pmatrix}$$

$$\begin{pmatrix} 6.25 & 4.25 \\ 4.25 & 3.5 \end{pmatrix} \begin{pmatrix} v_{21} \\ v_{22} \end{pmatrix} = \begin{pmatrix} \lambda_2 v_{21} \\ \lambda_2 v_{22} \end{pmatrix} \Rightarrow \begin{pmatrix} v_{21} \\ v_{22} \end{pmatrix} = \begin{pmatrix} -0.59 \\ 0.81 \end{pmatrix}$$

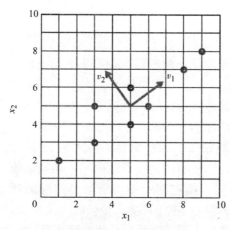

图 7.14 数据集 x 和特征向量(主成分轴)——未按比例绘制

7.3.2 线性判别分析

判别分析是一种监督的方法(即它识别许多做过标记类的数据),它对于降维是有用的。它明确地尝试优化类的可分离性[当 PCA 发现了能有效代表总(合并的)数据集的方向时]。基于这些特征,可以将 IRIS 分为三类(它对应了

IRIS 的三个品种）。

这种转换的基矢量，称为正则量（它是原始特征的线性组合），能够使 Fisher 的判别比率 FDR（或者，一般情况下是 J）最大化，对于两类问题它由式(7.4) 得出。那就是，对两个类的平均分类器的输出应该尽可能地分离，其方差应尽可能小。

对于二维（即两个特征）、两分类的问题，要找到投影方向，这样，当数据投射到这个方向时，两个类的实例会尽可能地分离。在图 7.15 中，方向如图 7.15b 所示。在这种情况下，维数可以从两个减少到一个，同时保持数据中（大多数）的判别性信息。

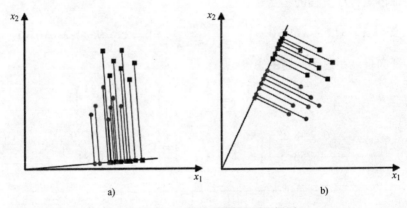

图 7.15 二维、二分类数据和正则方向 w

产生最佳判别的方向就是使投影数据的平均值之间的距离最大化，它通过测量类内散点而加以标准化，这也是使 Fisher 的判别函数最大化的方向。

Fisher 的 LDA 很好地概括了多类的问题。对于 C 类，寻找能最佳分离类的（C-1）投影。正则图通常只呈现最重要的两个正则，它显示最大限度地分离类的方向上的数据。这是 IRIS 数据所需要的。图 7.16 是 IRIS 数据的正则图。如果使用线性判别分析 [为所有的类（即在内部）用通常的协方差矩阵]，那么每一个多变量的均值都被正则空间中的圆形的置信椭圆所包围，并且决策边界（没有显示出来）是线性的。三个种类以最佳的方式被分开了。丝葵被很好地与其他两个品种分开了，而由于其他两个品种足够接近，发生了一些错误分类。

对于这些数据，正则的特征值 C_1 和 C_2 分别为 32.192 和 0.285（特征值 C_3 和 C_4 分别为 1.691×10^{-15} 和 3.886×10^{-16}），这样，第一个正则解释了数据变量的 99.1%，而第二个正则解释了剩下的 0.9%。两个正则 C_1 和 C_2，由下列式子给出：

$$C_1 = (-0.8294 \times 花萼长度) + (-1.5345 \times 花萼宽度) +$$
$$(2.2012 \times 花瓣长度) + (2.8105 \times 花瓣宽度)$$

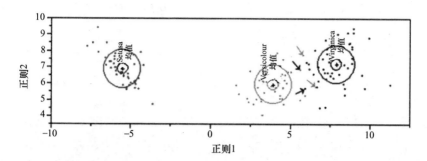

图 7.16　使用了线性判别分析的 IRIS 数据正则图。使用此分类器的三个误分类样本（见表 7.1）
都被标记为彩色箭头；如果使用交叉验证，则黑色箭头表示附加的误分类样本
（小的彩色圆圈其均值位于 95% 的置信界限；而较大的彩色圆圈包含了 50% 的此类样本）

$$C_2 = (0.0241 \times 花萼长度) + (2.1645 \times 花萼宽度) +$$
$$(-0.9319 \times 花瓣长度) + (2.8392 \times 花瓣宽度)$$

样本被分配到多变量平均值最接近的类。由于不同的特征有不同的尺度，
而且可能有不同的维度，因此马氏距离会比欧几里德距离会更适于计算。对于
这些数据，图 7.16 中标记的三个样本是错误的，即被分配到错误的类中。云芝
的两个特征错误地划归为锦葵，因为它们的平均值很接近。而且锦葵的一个特
征错误地划归为云芝，因为它更接近于平均值。最终的分类记录在混淆矩阵
（表 7.2）中，这是一个列联表，显示的是数据的实际类（行）与预测类（列）
（在某些实现中，反之亦然）。矩阵的对角线上的条目是正确分类，不在对角线
上的条目是错误分类。混淆矩阵显示的是分类器的性能。在这种情况下，三个
特征被误分类，并且不在对角线的条目中显示，代表了总的 2% 的误分类率（即
3/150）。

表 7.2　区分 IRIS 的三个品种的线性判别分析的混淆矩阵

实　　际	预　　测		
	山鸢尾	杂色鸢尾	维吉尼亚鸢尾
1（山鸢尾）	50	0	0
2（杂色鸢尾）	0	48	1
3（维吉尼亚鸢尾）	0	2	49

交叉验证显示的是对给定的观察的预测，如果它从估计样本中留下来的话
（一种称为"刀切法"或"留一法"的重新取样技术）。在这种情况下，如果使
用交叉验证，附加的样本会被错误分类（见图 7.16）。如果使用交叉验证，混淆
矩阵会显示如表 7.3。

表 7.3　线性判别分析的混淆矩阵，假定在 IRIS 数据中使用交叉验证

实　　际	预　测		
	山鸢尾	杂色鸢尾	维吉尼亚鸢尾
1（山鸢尾）	50	0	0
2（杂色鸢尾）	0	47	1
3（维吉尼亚鸢尾）	0	3	49

　　如果每个类使用一个单独的协方差矩阵，这样更可取，则分析就是二次判别分析。该等值线（见图 7.17）是椭圆的，决策边界（没有显示出来）是二次曲线。对于这个特定的数据集，同样的三个样本被错误分类，但通常不会是这样的。

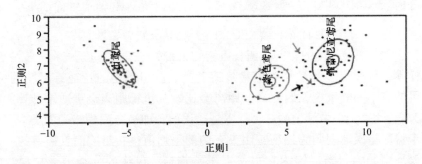

图 7.17　使用了二次判别分析的 IRIS 数据正则图。使用此分类器的三个误分样本
都标记为彩色箭头（小的彩色圆圈其均值位于 95% 的置信界限；
而较大的彩色圆圈包含了 50% 的此类样本）

　　二次判别分析不适用于小数据集，因为它没有足够的数据来做出很好地可逆和稳定的协方差矩阵。

　　当然费舍尔的判别分析（不论线性或二次）适用于更高的维度与多个类，它总是试图将数据投射到一个较低维的空间并使类的可分离性最大化。它是一种参数方法，因为它采用的是单峰高斯的可能性，但如果它的分布明显是非高斯形式，将无法正常运行。它的确依赖于先验概率，或者与样本集中的类的发生率成正比，或者更可取的是，如果它们是已知的，则与总体中的类的发生率成正比。如果差异性的信息不在均值中，线性判别分析将失败，如果差异性信息不在数据的方差中，则更加会失败（见图 7.18）。

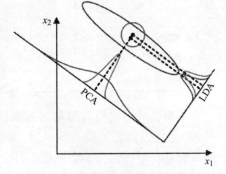

图 7.18　如果鉴别信息处于方差内，
则线性判别分析 LDA 是不成功的

例 7.2

　　下面给出企业高管的样本，是否可以基于他们目前的薪水、年龄以及晋升次数、根据他们的学历（即本科、学士或硕士）来将他们区分成不同的类。

编　号	学　历	性　别	年薪×1000	年龄（岁）	晋升次数
1	硕士	男	94	63	5
2	本科	女	54	38	2
3	学士	男	89	54	4
4	本科	女	68	42	3
5	学士	女	71	47	3
6	学士	女	48	41	2
7	学士	女	65	51	3
8	硕士	男	85	58	4
9	本科	女	50	35	2
10	硕士	男	103	60	5
11	硕士	女	75	48	4
12	本科	男	73	53	3

　　使用线性判别分析（用独立的协方差）产生的正则图，如图 7.19 所示。该正则有 4.241 和 0.1149 的特征值，所以正则占 97.36% 的鉴别信息。正则公式是 $-0.1935 \times$ 工资 $+ 0.0433 \times$ 年龄 $+ 4.4920 \times$ 晋升次数。变量是最重要的，这一点不会立即清楚，因为这些变量还没有标准化。

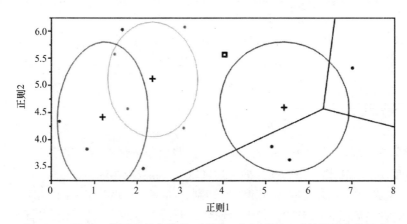

图 7.19　显示三类周边等高线的正则图，蓝色圆圈显示的是误分类样本

　　表 7.4 给出了混淆矩阵。只有一个高管（8 号）被错误分类，他实际上是硕士学位，但却被预测为学士学位。

表 7.4　在学历（由预测列得到的实际行）的基础上区分三个类的
显示线性判别分析结果的混淆矩阵

	本　科	学　士	硕　士
本科	4	0	0
学士	0	4	0
硕士	0	1	3

例 7.3

可从网址 http://extras. springer. com 下载的 Excel 文档 LDA with Priors and losses. xls 包含嵌入式方程来计算状态条件的密度函数和后验概率，由此可以在后验（MAP）概率最大值的基础上进行预测。它还包含先验概率，并且允许轻松代入损失函数项 λ_{ij}，以及对决策的效果进行检查。

使用例 7.2 中企业高管相同的数据集，也就是说，能否基于他们当前的薪水、年龄和晋升的次数预测他们的学历？预测是正确的，除了 8 号高管，他被预测为学士学位，而不是硕士学位。

损失函数矩阵的对角线的项是零（正确预测反映不处罚），和非零的非对角线的项（通常为 1）。如果我们将实际上是硕士学位却预测为学士学位的损失加倍（见表 7.5），那么通过电子表格上的计算可以找到 100% 准确的预测。

表 7.5　损失函数项（由预测列得到的实际行）

	损　失		
	本　科	学　士	硕　士
本科	0	1	1
学士	1	0	1
硕士	1	2	0

7.4　练习

进入 MATLAB 或 JMP（SAS, Inc.），这些会很方便完成。事实上，例 7.2 和例 7.3 使用了 JMP 格式中的数据集（这可以从 http://extras. springer. com 下载）。

1. 主成分分析法（PCA）和线性判别分析法（LDA）目的不同。前者在总（未标记的）数据集中操作，是为找到包含最大方差的方向；后者在标记的数据中操作，是要找到最能区分已标记的类的方向。一般来说，结果（分别是主成分和正则）是截然不同的。然而，在特殊的数据的例子中，主成分和正则可能在相同的方向上。(1) 绘制一个两类、二维数据的例子，这样 PCA 和 LDA 能找

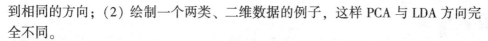

到相同的方向；（2）绘制一个两类、二维数据的例子，这样 PCA 与 LDA 方向完全不同。

2. Socioeconomic. jmp 中的数据包括洛杉矶都市区 12 个人口普查区五个社会经济的变量/特征。（1）使用多元平台作出一个所有五个特征的散点矩阵图；（2）进行所有五个特征的主成分分析（根据相关性）。考虑到特征向量，哪个是最有用的特征？考虑到特征值，在随后的分析中你会使用多少主成分？

3. adolescent. jmp 中的测量是针对 58 位高中生的。使用 LDA（二次的）来探索如何用胳膊、腿和手等变量的高度和长度来区分学生的民族。使用样本集中类的发生作为先验概率。如果第五个变量包含脚的长度，结果会怎么样？如果手腕和脖子的重量、尺寸都包括在内会怎么样？测得的特征有多独立？附加的什么因素限制了结果的有用性？

参考文献

［1］Fisher, R. A.: The use of multiple measurements in taxonomic problems. Ann. Eugen. 7, 179 – 188（1936）

［2］Kruskal, J. B., Wish, M.: Multidimensional Scaling. Sage, Beverly Hills, CA（1977）

［3］Van der Heijden, F., Duin, R. P. W., de Ridder, D., Tax, D. M. J.: Classification, Parameter Estimation and State Estimation. Wiley, Chichester（2004）

第**8**章　非监督式学习

8.1　聚类

在无监督学习的情况下，类的标签是未知的，绘制数据是为了查看它们是否自然聚合。聚类分析是希望将数据划分为有意义的或有用的聚类（类），聚类不一定与人类的认知相一致。

聚类分析已广泛应用于各个领域，例如：

- 在生物学中，寻找具有相似功能的基因组。
- 在气候学中，发现对气候有影响的大气压的聚类。
- 在医学中，辨认疾病的不同变体。
- 在商业中，为营销活动聚集客户群。
- 在信息检索中，将搜索结果以等级结构分组成集群和子集群。
- 在影像学中，将图像分区（为几个不同的区域），或通过每个聚类的原型用替代物压缩图像和视频的数据（称为矢量量化）。

聚类应包括彼此相似却不同于其他聚类的对象。这将需要通过（非）相似方式，它往往采用一种近似方式。例如，能量准则，如 L_1 范数（曼哈顿或市区距离），由公式 $|x_1 - y_1| + |x_2 - y_2|$ 给出；L_2 范数（欧几里得距离），由公式 $\sqrt{(x_1 - y_1)^2 + (x_2 - y_2)^2}$ 给出；或 L_∞ 范数（切比雪夫或棋盘距离），由公式 $\max\{x_1 - y_1, x_2 - y_2\}$ 给出。一旦（非）相似方式被加以选用，需要定义一个标准使其达到最优化。聚类使用的最广泛的标准功能是平方误差（SSE）的总和。计算每个数据点的误差（即到中心点的最近距离），然后计算平方误差的总和。使用这个标准的聚类方法，称之为最小变体法。根据用于线性判别分析（LDA）的散点矩阵图，其他准则函数也存在。

聚类要么是分区式的（或平直的）——数据分为不重叠的子集（聚类），这样每个数据点恰好在一个子集中（见图 8.1a），要么是分层的。聚类是嵌套的（见图 8.1b），嵌套的聚类具有代表性的是分层树或树状图（见图 8.1c）。

聚类的概念不好定义，往往要用旁观者的视角来看待聚类。例如，在图 8.2 中，不清楚有两个、四个还是六个分区式的聚类。甚至可能有两个分区式的聚类带有嵌套（分层）的子聚类。由于聚类的概念不好定义，因此很难确定在什么情况下聚类可以在运算中继续进行。

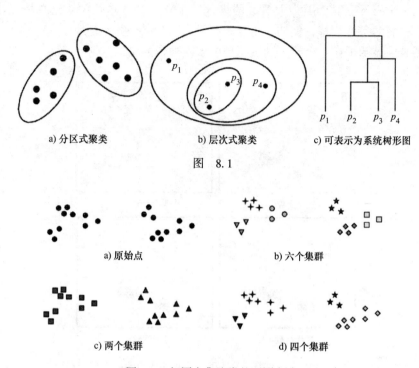

a) 分区式聚类　　　　　b) 层次式聚类　　　c) 可表示为系统树形图

图　8.1

a) 原始点　　　　　　　　b) 六个集群

c) 两个集群　　　　　　　d) 四个集群

图8.2　相同点集聚类的不同方式

在非专用聚类中，数据点可以属于多个聚类。此外，在模糊聚类中，一个数据点属于每一个在 0 到 1 之间有一定权重（或概率）的聚类。

下面将分别考虑每个聚类技术的例子：k - Means 聚类和它的变体作为分区式聚类的一个例子，凝聚层次聚类作为层次聚类的一个例子。

8.2　k - Means 聚类

k - Means 聚类（麦昆，1967）是最古老和使用最广泛的聚类算法之一。它是一个分区式聚类方法。每个聚类由一个原型对象代表，一个新的数据样本分配到离它最近的原型中，也就是属于这个聚类。训练包括一个非常简单的迭代计划用来调整原型的放置：

（1）从训练集中随机选择 k 个对象，成为原型。

（2）将所有的其他对象分配到最近的原型中形成聚类。"接近"的度量准则用欧氏距离来表示（或一些其他准则）。

（3）更新每个聚类的新原型，作为分配给该聚类的所有对象的聚类中心。

（4）返回到步骤（2）直到收敛（即当没有数据点改变聚类时，或相当于直到聚类中心不变时。因为大多数的集合发生在早期的迭代中，这种情况往往被一个较弱的条件代替，例如，重复直到只有1%的点改变聚类）。

图 8.3 显示了在一个特定的数据集中多次迭代的结果。

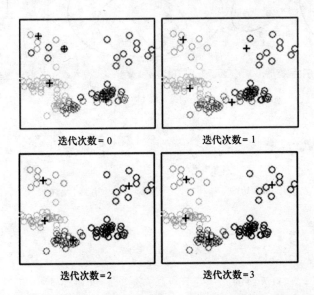

迭代次数 = 0　　　　　　　　　　迭代次数 = 1

迭代次数 = 2　　　　　　　　　　迭代次数 = 3

图 8.3　各次迭代中 k 均值聚类的结果（每次迭代中的原型都标有"+"）

"任务步骤"也指期望步骤，"更新步骤"也指最大步骤，使该算法成为期望–最大化（EM）算法的变体。

由于这是一个启发式算法，因此无法保证 k 均值聚类能够聚集到全局的最佳效果。该结果对选择初始对象作为聚类中心这一步非常敏感，特别是对于小数据集。包含大约 200 ~ 100000 观测数据的较大数据集是最好的。由于该算法通常速度非常快，所以在不同的启动条件下多次运行以最小化这种影响是很常见的策略。

该算法可以看作是一种贪婪算法，因为它将 N 个样本分为 k 个聚类，从而将目标函数最小化，目标函数可以是到聚类中心距离的平方和，即平方误差和（SSE）。计算每个数据点的误差（即它到最近的聚类中心的距离），然后计算平方误差的总和。

$$SEE = \sum_{i=1}^{k} \sum_{x \in C_i} \text{dist}(c_i, x)^2 \tag{8.1}$$

式中，C_i 是第 i 个聚类的中心，dist 是欧几里得距离。在这种情况下，最好用标准特性来运算，聚类在形状上会成为圆形（或球形）。对于 k 均值的两种不同的运行方式，k 值相同但起始原型不同，算法会选择 SSE 的最小值。该算法的复杂

性为 $O(n \times k \times i \times d)$，其中 n 是数据点的数量，k 是聚类的数量，i 是迭代的数量，d 是特征的数量。

预处理和后处理步骤可以用来改进最终的结果。预处理步骤包括规范数据（或使数据标准化）、消除或减少异常值的影响。异常值会使聚类中心离开真正的位置。为了避免这一点，在每次迭代的过程中，在寻找新的原型时，可以用中值来代替平均值。后处理包括分裂"松散"的聚类，即 SSE 相对较高的聚类；合并"接近"的聚类，即 SSE 相对较低的聚类。

k-Means 算法的一个变体，称为二分 k-Means 算法，可以用来最大限度地减少对原型初始设置的依赖。其基本思想是把点集分为两个聚类，然后再分别把这些聚类一分为二，如此循环。完成该算法的方法有很多种。可以计算所有数据点的聚类中心，任意选择一个点（cL），并构建一个点（cR），这个点要根据聚类中心对称地放置。围绕这两个点将数据聚类，然后在这两个聚类内重复这个过程。如果想进行 k 聚类，其中 k 是 2 的幂，假定是 2^m，则迭代 m 次。如果想进行不是 2 的幂的 k 聚类（假定是 24），可以选用最接近的次级幂（即 16），用这 16 个聚类，然后再随机选择其中的 8 个进行子聚类。

对于某些类型的聚类，k-Means 及其变体有许多局限性。尤其是在它们的尺寸和密度区别很大时，或者当形状不是球形时，检测自然聚类会比较困难（见图 8.4a）。在图 8.4a 中，最大的聚类被分裂，它的一部分分配到更小的聚类中。在图 8.4b 中，两个较小的聚类比两个较大的聚类密度大，这导致算法变混乱。最后，在图 8.4c 中，k-Means 混合自然聚类，因为它们的形状不是球形。如果用户愿意接受一个更大数目的聚类（假定用六代替二或三），这些困难在某种程度上是可以克服的，随后将其中一部分进行合并。

不幸的是，对于任何给定的数据集，没有普遍的理论方法来找到最佳的聚类数。一个简单的方法是将多个运行的结果与不同的 k 类进行比较，并选择最佳的一个，但是需要加以小心，因为增加 k 不仅定义了较小的误差函数值，而且也增加了过度拟合的风险。

k-Means 聚类的结果也可以视为 Voronoi 单元（即多边形的范围区域）（见图 8.5）。由于数据在聚类方式之间分裂，这可能会导致次优的分裂。期望-最大化（EM）算法（这可以视为是 k-Means 的概括）就更加适用，因为它使用了既有方差，又有协方差的高斯模型。因此，EM 算法比 k-Means 更能够适应不同聚类的尺寸，以及相关的聚类。

经证实（Zha 等，2001；Ding 和 He，2004），由聚类指示器指定的 k-Means 聚类的"松弛的"解决方案，可以由 PCA 主成分分析法得到。

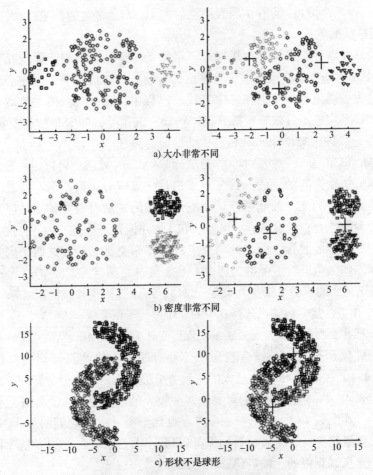

a) 大小非常不同

b) 密度非常不同

c) 形状不是球形

图 8.4　自然聚类和 k 均值聚类的结果对比

图 8.5　手写体数字 k - Means 聚类结果（聚类中心用一个白叉标出，
每个聚类的 Voronoi 多边形单元用不同的颜色标出）

8.2.1 模糊 c-Means 聚类

k-Means 聚类是分区式聚类的一个例子,其中数据对象在非重叠的聚类之间划分,每个聚类由一个原型组成,它是聚类中对象的聚类中心。在这种聚类中,每个数据对象仅属于一个聚类,然而在模糊聚类中,每个数据对象不止属于一个聚类。与每个对象有关的是一组成员的权重 w_{ij},它表示该对象之间关联的强度 x_i 和特定聚类 C_j。成员权重在 0 和 1 之间不等,对于特定的对象 x_i,所有的权重之和为 1。模糊聚类就是分配这些成员权重的一个过程。

使用最广泛的模糊聚类算法之一就是模糊 c-Means 算法(Bezdek,1981),它是 k-Means 聚类算法的延伸推广。在模糊 c-Means 中,聚类中心 c_j 是经过所有的点加权得到的,它按其成员权重或属于该特定聚类的程度加权,成员权重与上一个计算的对象到聚类中心的距离成反比。

训练包括一个非常简单的迭代策略以调整原型的位置:

(1)选择聚类的数量 k,随机分配权重 w_{ij} 到聚类中的 m 个对象中;

(2)计算每个聚类的聚类中心 c_j,作为每个对象的加权均值;

(3)对于每个对象,通过使(修订的)SSE 最小化来更新它在集群中成员的权重。

$$c_j = \frac{\sum_{i=1}^{m} w_{ij}^p x_i}{\sum_{i=1}^{m} w_{ij}^p} \tag{8.2}$$

$$\mathrm{SSE}(C_1, C_2, \cdots, C_k) = \sum_{j=1}^{k} \sum_{i=1}^{m} w_{ij}^p \, \mathrm{dist}(x_i, c_j)^2 \tag{8.3}$$

受权重总和为 1 的约束,其中 p 是一个指数,介于 1 和 ∞ 之间的模糊值决定了权重的影响,因此,也决定了聚类的模糊性水平。较大的 p 值会导致较小的成员权重值,因此得到更模糊的聚类。通常情况下 p 设置为 2。如果 p 接近 1,成员权重 w_{ij} 将聚集到 0 或 1,算法会表现得像 k-Means 聚类算法。

(4)最后,返回到步骤(2)直到算法收敛(即当权重的变化不超过一个给定的敏感的阈值)。

该算法最大限度地减少聚类内的方差且不易受异常值的影响,但仍然会受到一些影响,最小值可能是一个局部最小值而不是全局最小值,并且依赖于初始权值的选择。

8.3 (聚合)层次聚类

分层聚类产生一组嵌套的聚类,该聚类当作一个层次树来组织,它可以可视化为一个树状图,记录着合并和分裂的序列(见图 8.6)。

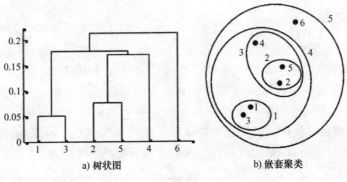

a) 树状图 b) 嵌套聚类

图 8.6

在（聚合的，与分裂的相反）层次聚类中，每个实例都作为自己聚类的开始，结果加入到"最近"的实例中来形成一个新的聚类。这是一个自底向上的方法。聚类的每一步，都获得了更大的聚类。该算法是：

（1）在多元空间中发现两个最接近的特征；

（2）在均值中用一个单一的特征取代这两个特征；

（3）重复步骤（1）和（2），并一直继续下去，直到所有的特征都纳入到一个聚类中。

关键的操作是步骤（1）中邻近值的计算。有一些邻近值的定义可以使用。比如使用欧几里得距离，如果确定所有的特征具有相同的尺度，即使用标准化的特征。在每次迭代中，选择最接近的两个组进行合并。在单链接聚类中，这个距离定义为两个组的所有可能元素对之间的最小距离d_{min}（见图 8.7）。单链接的方法对应于构造最小生成树（MST）。在完整链接聚类中，组之间的距离为所有可能对之间的最大距离d_{max}。另一个选择是使用两个组的聚类中心之间的距离。完整链接聚类避免了单链接聚类中发生的缺点，由于单个实例彼此之间非常接近导致聚类可能被迫放在一起，尽管许多实例彼此之间距离可能很远。完整链

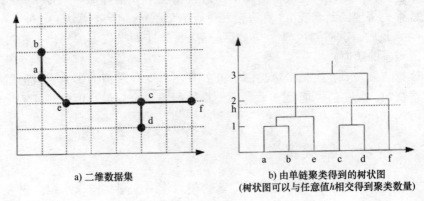

a) 二维数据集 b) 由单链聚类得到的树状图
（树状图可以与任意值h相交得到聚类数量）

图 8.7

接聚类倾向于发现大致相等直径的紧凑聚类。由此产生的分层树称为树状图。

在沃德的方法中（1963），两个聚类之间的近似度定义为 SSE 的增长（到聚类中心距离的平方和），它是合并两个聚类的结果，即它使用与 k -均值聚类相同的目标函数。当聚类合并时，可以跟踪每个聚类中的数据点的数目，也可以平等地对待所有合并的聚类。当在下一合并中开始计算 SSE 增长时，第一种方法会导致一个加权平均，第二种方法会导致一个未加权平均。一般情况下，会使用未加权平均。

在费舍尔的鸢尾花数据中应用（聚合）层次聚类的结果就是图 8.8 显示的

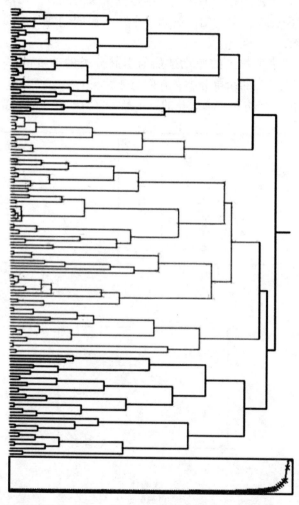

图 8.8　采用沃德方法从费舍尔 IRIS（鸢尾花）数据库中，由正则数据分层聚类得到的树状图和陡坡图。聚类数量可以通过在一个特定的位置沿着树状图画一条垂直线得到陡坡图有助于确定这个位置（注：这个树状图的方向与图 8.7 不一样）

树状图。合并到左侧的分支之前就被加入了迭代算法中。该方法的一个优点是，你不需要在一开始假定聚类的特定数目：任何所需的数量都可以用一条垂直线切割树状图得到。虽然聚类的最佳数目没有标准，陡坡图（在图表的底部）提供了一些指导。陡坡图的名字来源于陡峭的悬崖底部积累的卵石。陡坡图急剧下降到一个相对水平的坡度，每次下降不一定都很明显，但转变的地方就暗示了聚类的最佳数目。

　　通过聚合分层聚类，最终合并的决策是：一旦决定合并两个集群，就不可能在以后撤销。这种方法可以防止局部最优化准则成为一个全局的最优化准则，并可以改进诸如文件数据等嘈杂的、高维数据带来的问题。当潜在的应用程序需要层次时，该算法就非常适用，例如一个分类法的创建。然而，它涉及昂贵的计算和存储需求。

　　图8.9 显示了聚类数量的变化是如何引起分类的改变的。三个聚类（见图8.9c）都是令人满意的简单分类，它们与陡坡图的平稳状态相一致。[三个类同样是令人满意的，严格对应鸢尾花的三个品种（这只是一种希望!）]。

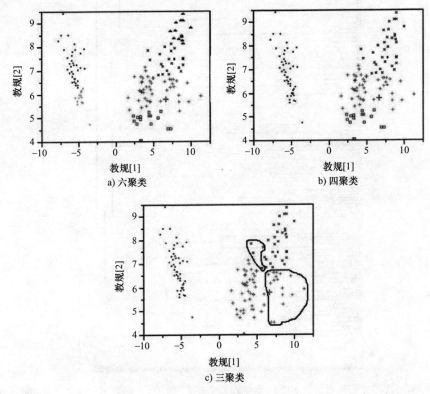

图 8.9　基于树状图由层次聚类所获聚类数目的费舍尔正则数据散点图
（黑线以内的数据点被错误分类）

图 8.9 右下方有许多数据点，它来源于锦葵却错误地分类为变色鸢尾，也有许多来源于变色鸢尾的点错误地分类为锦葵。这些点被图 8.9c 中的黑线围在里边。由此产生的混淆矩阵如表 8.1 所示。在同一数据集中，14.7% ［即（4 + 18)/150］的错误分类率明显比使用判别分析所得到的 2% 差得多。

表 8.1　用于区分鸢尾花的三个种类、显示层次聚类结果的混淆矩阵

实　　际	预　　测		
	山鸢尾	杂色鸢尾	维吉尼亚鸢尾
1（山鸢尾）	50	0	0
2（杂色鸢尾）	0	46	18
3（维吉尼亚鸢尾）	0	4	32

例 8.1

在以下数据集中使用最近邻（或单链接）聚类完成聚合层次聚类：{1,3,4,9,10,13,21,23,28,29}。

注意：在并列的情况下，应该先合并具有最大平均数的聚类（见图 8.10）。

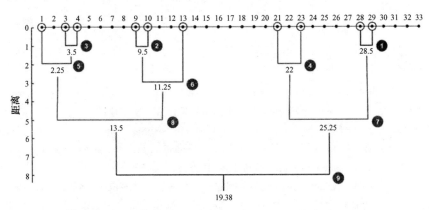

图 8.10　聚类树图（标记顺序为合并运算先后顺序）

注意：如果聚类允许运行直到只保留一个聚类，那结果就是最小生成树（MST）。

8.4　练习

1. 数据集 Birth Death. jmp 包括了几个国家的死亡率（即出生和死亡）。使用聚类分析来确定哪些国家享有相似的死亡率特点。你是否注意到，聚类在一起的国家之间有哪些相似之处呢？

2. 考虑 teeth. jmp 中的数据，它包含了各种哺乳动物的不同牙齿类型的数

据。获得相关树状图的层次聚类与聚类的数目是否不一样？参照散点图和你自己的观点，哪些哺乳动物应该聚类在一起，你认为多少个聚类是最优的？

3. 考虑一下美国九个主要城市的聚类问题。它们之间的距离（英里）如下：

	波士顿	纽约	华盛顿	迈阿密	芝加哥	西雅图	旧金山	洛杉矶	丹佛
波士顿	0	206	429	1504	963	2976	3095	2979	1949
纽约	206	0	233	1308	802	2815	2934	2786	1771
华盛顿	429	233	0	1075	671	2684	2799	2631	1616
迈阿密	1504	1308	1075	0	1329	3273	3053	2687	2037
芝加哥	963	802	671	1329	0	2013	2142	2054	996
西雅图	2976	2815	2684	3273	2013	0	808	1131	1307
旧金山	3095	2934	2799	3053	2142	808	0	379	1235
洛杉矶	2979	2786	2631	2687	2054	1131	379	0	1059
丹佛	1949	1771	1616	2037	996	1307	1235	1059	0

（1）使用单链接；（2）完整链接。

参考文献

[1] Bezdek，J. C.：Pattern Recognition with Fuzzy Objective Function Algorithms. Plenum，New York （1981）

[2] Ding，C.，He，X.：K-means clustering via principal component analysis. In：Proceedings of the International Conference on Machine Learning，pp. 225-232 （2004）

[3] MacQueen，J. B.：Some methods for classification and analysis of multivariate observations. In：Proceedings of the 5th Berkeley Symposium on Mathematical Statistics and Probability，pp. 281-297. University of California Press，Berkeley （1967）

[4] Ward，J. H.：Hierarchical grouping to optimize an objective function. J. Am. Statist. Assoc. 48，236-244 （1963）

[5] Zha，H.，Ding，C.，Gu，M.，He，X.，Simon，H. D.：Spectral relaxation for k-means clustering. Neural Information Processing Systems，vol. 14，pp. 1057-1064. Vancouver，Canada （2001）

第9章 评估和比较分类器

9.1 比较分类器和"没有免费午餐定理"

我们可以尝试估计分类器的性能，并使用此度量标准比较分类器并从中进行选择，即找到一个复杂性合适、不会过度匹配数据的分类器。然而，我们要牢记所谓的"没有免费午餐定理"，这个定理认为没有一个绝对理想的解决分类问题的方法。也就是说，没有一个算法能保证最好地执行每个问题。问题的类型、先验分布和其他信息（例如训练样本的数量和成本函数）三个要素，决定了哪一个分类器应该提供最好的性能。如果一个算法在特定的情况下比另一个做得好，那是因为它更加适合这个特定的任务，而不是因为它在整体上更加优越。

根据定义，在训练集上的误差率，总是小于在训练过程中不可见的包含数据的测试集的误差率。同样地，训练误差不能用于比较两个算法，因为，越过训练集，具有更多参数的更复杂的算法几乎总是比简单的算法得出的错误少。这就是为什么需要一个验证集，但即使有一个验证集，只运行一次可能还不够。在训练集和验证集中，可能有异常的数据，像噪声和异常值，也可能有随机因素，如起始权重，它在训练和验证过程中可能会导致算法收敛于局部最小值。当比较特定应用程序的算法时，该比较仅适用于该应用程序和该数据集的那些算法。

如果要选择分类模型并且同时估计误差，数据应分为三个不相交集。这时得到一个特别的数据集，应该把它留一小部分作为测试集（典型地为1/3）使用，其余的（典型地为2/3）应该用于交叉验证生成多个成对的训练/验证集。训练集用于学习，即优化分类器的参数，得到一个特定的学习算法和模型。验证集是用来优化算法或模型的超参数，一旦两者都加以优化，最终，测试集会被使用。（例如神经网络，训练集用来优化权重，验证集用来决定隐藏单位的数目、训练的长度和训练率）为什么要把测试集和验证集分开？因为验证集用于选择最后的模型，它不应该用来估计真实的错误率，因为它会偏离。在测试集中评估最终的模型后，就不应该再进一步调整模型了。

使用三种方式的数据拆分程序（见图9.1）：

（1）将可用的数据分为训练、验证和测试数据；

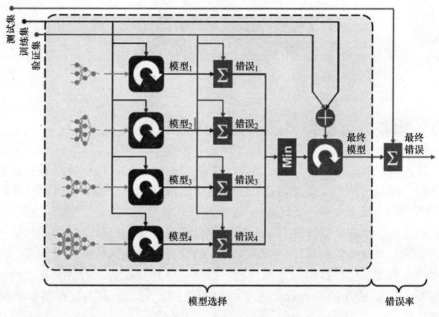

图 9.1 使用三种方式拆分数据的模型选择和误差估计

（2）选择架构及训练参数；

（3）使用训练集训练模型；

（4）使用验证集评估模型；

（5）使用不同的架构和训练参数重复步骤（2）~（4）；

（6）选择最佳模式，并使用训练集及验证集中的数据来训练它；

（7）使用测试集评估模型

注意：图 9.1 和描述它的过程采取了 Holdout 的方式。如果使用交叉验证或自助法（Bootstrap），步骤（3）和（4）就必须在 k 个子集上重复。

"没有免费午餐定理"引发了我们避免过度拟合及选择较少功能与参数的简单的分类器的偏好。"没有免费午餐定理"教会我们要避免过度拟合，并选择具有较少特征和参数的最简单的分类器。在之前的案例中，确实存在着为避免过度拟合而导致较差性能的问题。并非过度拟合本身导致了较差的性能，更多的是由于算法无法匹配到具体的应用导致的。尽管这里有限制条件，但仍然要关注过度拟合的迹象。至于简单的分类器（与奥卡姆剃刀原理一致），对简单解决方案的偏好有演进的基础，即：对于需要较少神经元和较少计算时间的简单方案，人们存在较强的选择倾向。科学方法本身施加了一种对简单化的偏好，人们乐于接受"足够好"的解决方案来解释手头的数据。至少，在这些竞争的方法原理之间采取一种平衡而灵活的立场是明智的。

一般情况下，会通过误差率来比较算法，但还有其他标准，如训练/测试的时间和空间的复杂度，编程的复杂度和可解释性的容易度（即结果是否可以经专家检查和验证），这些因素的相对重要性取决于应用程序。

9.1.1 偏差和方差

方差-偏差的权衡是最容易根据单一参数 x 和其估计量 $\bar{x}$ 来解释的。然后对 x 估计的均方误差（MSE）提供了估计量的准确性的评价准则，它通过以下公式定义：

$$\mathrm{MSE}(x) = E\{(\bar{x} - x)^2\}$$

式中，E 表示数学期望。

偏差由 $B(x) = E\{(\bar{x} - x)\}$ 定义，方差是 $V(x) = E\{(\bar{x} - E(\bar{x}))^2\}$，因此

$$\mathrm{MSE}(x) = B^2(x) + V(x)$$

所以，估计的误差有两个组成部分，一个源于偏差，另一个源于方差。

之前遇到过偏差和方差之间的权衡问题。一般来说，想象一下有许多可用的、不同的但都非常好的训练数据集。如果在对这些数据集中的每一个进行训练时，学习算法对于特定输入 x 是有偏差的，则在预测 x 的正确输出时肯定不正确。如果在不同训练集上训练时预测不同的输出值，则学习算法对于特定输入 x 具有高方差。学习分类器的预测误差与学习算法的偏差和方差之和相关 [James，2003]。一般而言，偏差和方差之间有一个权衡（见图9.2）。低偏差的学习算法必须是"灵活的"，以便它可以更好地匹配数据。但如果学习算法太灵活，它会与每一个训练数据集匹配得不一样，因此会具有高方差。这个范例非常普遍，包括所有与平滑或参数估计有关的数据模型问题。许多受监管的学习方式的关键点在于，它们能够调整偏差和方差之间的权衡（自动地或者通过提供一个用户可以调整的偏差/方差参数）。

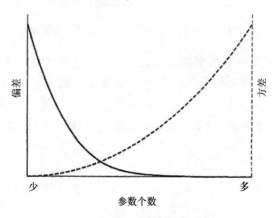

图9.2 偏差-方差权衡关系图解

因为存在太大的偏差，参数太少的模型是不精确的（不够灵活），然而因为方差太大（对样本太敏感），参数太多的模型也是不精确的。辨认最佳模型需要试图找出最佳模型的复杂性（即参数的数量）。

9.2 交叉验证和重采样方法

一旦选择了一个分类器，如何评估它的真实错误率［即在整个群体中的错误（或误分类）率］？在现实的应用程序中，只有一组有限的例子（或实例）是可用的，并且这个数字通常比希望的还要小。因此，人们可能会忍不住使用整个数据作为训练集。然而，这将得到一个过度拟合训练数据的模型，并且不能将其推广到新的数据。过度拟合的问题因为包含大量参数的分类器而变得更严重。而且，错误率估计过于乐观。事实上，在训练数据的分类中，100% 的正确率很普遍。所以，要考虑使用能够允许充分利用的有限数据进行训练、模型选择和性能估计的技术。

交叉验证是一种评价分类器的普遍方法，在这种方法中，一些数据在训练前将被移除。然后这个"新"的数据用来测试学习型模型的性能。

9.2.1 Holdout 方法

这是最简单的交叉验证的类型。数据集可分为两组，称为训练集和测试集（见图 9.3）。分类器从训练数据中学习（即诱导模型），其性能在测试数据中衡量。在训练集中使用的数据的比例通常是 1/2 或 2/3。

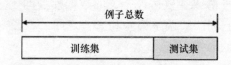

图 9.3 训练集与测试集划分的交叉验证法

Holdout 方法有某些众所周知的局限性。并不是所有的数据都用于训练，训练集越小，模型的方差越大。另一方面，如果训练集太大，则从较小的测试集中计算的估计精度（偏差）就差。这就是偏差-方差均衡的本质。此外，训练集和测试集彼此之间不是独立的，在一个子集中限额不足的类在另一个子集中会是超限额的。

在随机的二次抽样中，通过随机选择固定数目的 Holdout 方法重复多次（见图 9.4）。对于 k 个数据拆分（或实验）中的每一次实验，从头开始用训练实例保留分类器，并用测试实例估计错误率。真实误差率的估算是从这些单独估算的平均值中得到的，这显然比 Holdout 估计要好。然而，随机二次抽样仍保留着一些与 Holdout 的方法有关的问题。

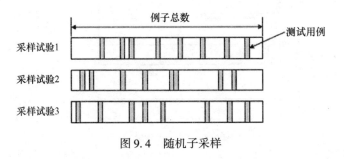

图 9.4　随机子采样

9.2.2　k 重交叉验证

在这种方法中，数据集划分成 k 个相等大小的子集（见图 9.5）。其中一个子集用于测试，其余的用于训练。这个过程重复 k 次，这样的话，每个子集都准确地测试一次。总误差是通过所有运行的误差平均值得到的。方法类似于随机二次抽样，除了数据集中的所有例子，其他方法最终既用于训练又用于测试。

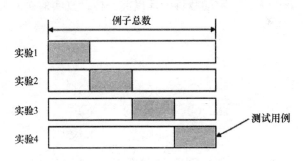

图 9.5　$k=4$ 时的 k 重交叉验证

k 重交叉验证方法的一个特例设置了数据集的大小 $k=N$（见图 9.6）。在这个所谓的"留一法"中，每一个测试集仅包含一个样本。它为训练使用尽可能多的数据。通常是用于医学诊断等应用中，在这些应用中，很难找到标记的数据。该方法计算起来很麻烦，估计的性能指标的方差比较高。刀切法重复"留一法" N 次，并且取估计的平均值。

那么应该用多少重交叉？交叉重叠的数量大，真实错误率估计的偏差比较小（即它会非常准确），但估计的方差会很大，计算时间也很长。交叉重叠的数量小，方差和计算时间会少，但偏差会大。在实践中，交叉的数量选择取决于数据集的大小。对于大型数据集，三重交叉验证都会非常准确。对于稀疏的数据集，可能要用"留一法"的方法来训练尽可能多的实例。许多情况下，通常令 $k=10$。

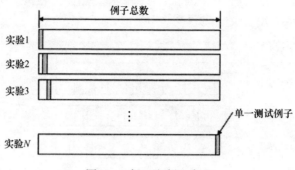

图 9.6　留一法交叉验证

9.2.3　自助法

　　刚刚描述过的就是自助法，它可以替代交叉验证技术。在这种方法中，数据用替换（或再次置换）来采样，即在训练中，一个已选定的记录放回原来的池中再次加以选择，这样在训练集内就有复制对象（见图 9.7）。这是为非常小的数据集做重采样的最好方式，剩下的未被选择的样本用于测试。这个过程重复执行了 k 次，这个 k 是指定的数目。像以前一样，真实的误差被估计为平均错误率。

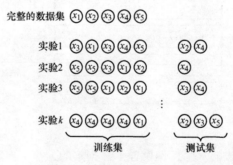

图 9.7　自助法（Bootstrap）

　　在自助法中，从大小为 N 的可替换数据集中采样 N 个实例。原始的数据集作为验证集。选择一个实例的概率是 $1/N$，它没有被选中的概率是 $1-1/N$。（注意：带有替换的采样通过整个随机选择的过程保留了类的先验概率）。在 N 次采样之后，不选择它的概率是：

$$(1-1/N)^{N} \approx e^{-1} = 0.368$$

这意味着训练数据包含 63.2% 的实例（但不包括其他 36.8%）。

　　相比基本的交叉验证，自助法增加了发生在每一次交叉中的方差。这是一个令人满意的属性，因为这样通过数据集可以更真实地模拟现实生活中的实验。

9.3　测量分类器的性能

对于量化分类器的性能指标，有许多度量标准，特别是对两类的问题。对于在两个类中描述特征分布的两个重叠概率的密度函数和相同先验概率的例子，事后概率只是概率密度函数的度量版本，可以考虑 PDF（见图 9.8a）。当一个阈值（或决定点）用来区分类时，误分类这种错误是不可避免的。类 ω_1（"负方"）作为左边阈值的值，类 ω_2（"正方"）作为右边阈值的值。对于正方的例子，如果预测也是正的，那这是一个真阳性（TP）；如果预测是负的，那这是一个假阴性（FN）。对于负的例子，如果预测也是负的，这是真阴性（TN）；如果预测是正，那这是一个假阳性（FP）。假阳性的错误概率，称为 I 型错误，可以用 α 表示（在这种情况下，真正的概率是 $1-\alpha$）。假阴性的概率，称为 II 型错误，可以用 β 表示（真负的概率为 $1-\beta$）。

混淆矩阵是一个说明分类器如何预测的表（通常组织为实际行与预测列）。表 9.1 显示了图 9.8 中所示的两类问题对应的混淆矩阵。I 型和 II 型这两种分类错误，都是有问题的。在医疗诊断中，假阳性导致了不必要的担心和不必要的治疗，当需要治疗时，假阴性让病人产生身体健康的危险幻觉从而不治疗。（在假阴性的情况下，可以采取较大的损耗因子）。

表 9.1　两个类的混淆矩阵

实际	预测		
	阳性	阴性	总计
阳性	TP	FN	p
阴性	FP	TN	n
总计	p'	n'	N

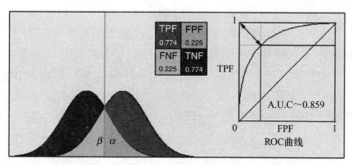

a) 两类中相同特征重叠的　　　b) 受试者工作特征(ROC)曲线
　　概率密度函数——PDF

图　9.8

137

根据这些参数，可以引入不同的性能指标（见表9.2）。

表9.2 在两类问题中使用的性能测量

名 称	准 则
错误（总计）	$(FP+FN)/N(=\alpha+\beta)$
准确率	$(TP+TN)/N[=1-错误（总计）]$
假阳性或假正率	FP/n(或者 α)
真阳性或真正率	$TP/p[$或者$(1-\alpha)]$
精确率	TP/p'
召回率	$TP/p(=TP$ 分数)
敏感度	$TP/p(=\text{TPF})$
特异度	$TN/n(=\text{TNF}=1-\text{FPF})$

通过移动图9.8a中的阈值点，可以得到 α 和 β 不同的值［因此也可以得到 $(\alpha+\beta)$ 的值］。可以把它从类 ω_1 的最小值移动到类 ω_2 的最大值，但实际上，范围是从 ω_2 的最小值移动到 ω_1 的最大值。当阈值在两条曲线的交点处时，总误差 $(\alpha+\beta)$ 最小。在交点处选择阈值（即决策点）将误差概率最小化，是最优的决策规则。在交点的两边，可以通过增加阈值减少 α，也可以通过减少阈值减少 β，但总的错误将大于交点上的错误。

操作特征（ROC）曲线的接收器是一个真阳性 TPF 的部分（或敏感度），与假阳性 FPF 的部分相对［或（1 – 特异性）］。当测试阈值从左到右扫描时，ROC 曲线上的对应点从右到左移动（见图9.8b）。在极低的阈值下，几乎没有假阴性，也没有真正的阴性，所以 TPF 和 FPF 都接近于1。当增加阈值时，真阳性和假阳性的数量就会减少。当到达交点时，将处于最接近于左上角的位置（其中 TPF = 1 和 FPF = 0）的最佳条件的 ROC 图上的点，这是最佳条件。随着阈值经过这一点时逐渐增加，TPF 和 FPF 都会下降。

如果两个分布重叠很多，则 ROC 线接近对角线，其下面的面积（AUC，曲线下面积或 A_z）下降到0.5（见图9.9），正好为0.5的值表示存在完全重叠，使用此特征的分类器在鉴别类时与随机选择一样有优势。如果两个分布很好地分开，那么 ROC 线上升，AUC 接近于1（见图9.10）。因此，AUC 是对（单一特征）分类器使用的具体特征的类的判别能力的测量。它是对随机成对的正常和异常图像的概率的测量，图像将会正确识别。它不需要异常性有定量范围［在放射学中，一个五分类的等级（从肯定正常到肯定异常）是常用的］，也不要求有高斯式的潜在分布。事实上，AUC 参数（由梯形规则发现）对应于著名的威尔考克斯统计。

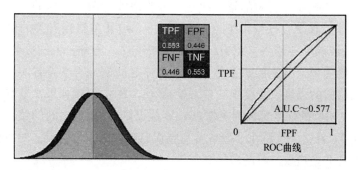

图9.9 具有多重叠区分布的 ROC 图，AUC 接近于 0.5

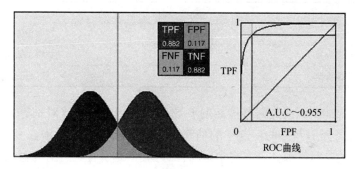

图9.10 具有易分离区分布的 ROC 图，AUC 接近于 1

在统计检验理论中，统计误差的概念是假设检验的一部分。检验需要一个明确的零假设的陈述 H_0，即两个群体在数据上没有明显的差异。例如，在医疗应用中，零假设是指一个特定的治疗无效。检验支持选择性的假设的程度（即两个群体在数据上有明显的差异），称之为其显著性水平。显著性水平越高，两个群体（在数据上）没有（明显的）差异的可能性越小。

在医学诊断中（有健康的零假设），假阳性导致了不必要的担心和不必要的治疗，当需要治疗时，假阴性使病人产生身体健康的危险幻觉从而不治疗。（在假阴性的情况下，可以采取较大的损耗因子）。制造质量控制（产品质量很好的零假设）中的假阳性报废一个实际上质量合格的产品，而假阴性则以为一个有缺陷的产品质量很好并予以通过。在科学研究中的假阳性（没有效果的零假设）暗示了一种效果，而假阴性则不能检测出存在的效果。

Ⅰ型错误是当测试拒绝真实零假设（H_0）时做出的错误决定。（它通常认定为假阳性）Ⅰ型误差（FPF）的比例表示为 α，通常等同于一个检验的显著性水平。[如果零假设是复合型，α 就是Ⅰ型错误的可能概率的最大值（上界）]。选择显著性水平是个随机的任务，但传统上，允许有 1/20 的机会犯Ⅰ型错误，换句话说，在两个群体间设定的显著性差异的标准为 5%。Ⅱ型错误是当检验不能拒绝一个假的零假设时所做的错误决定，即当事实上两个群体的确不同时，接受零假设，并且假设应该被拒绝（即假阴性）。与Ⅱ型错误有关的概率表示为 β。很显然，样本尺寸越小，越有可能犯Ⅱ型错误。通常，人们更容易接受 β，也就是说，接受十分之一的机会错过两个群体之间的显著性差异。通常，统计人员会强调检验的强度。强度很简单，就是 $(1-\beta)$，所以如果 β 是10%，则强度为90%。（检验的强度也称为灵敏度）零假设的真/假值之间的关系和检验的结果见表9.3。注意：实际上Ⅰ型或Ⅱ型错误直接取决于零假设，对零假设的否定导致Ⅰ型和Ⅱ型错误位置的转换。

表 9.3　零假设的真/假值之间的关系和检验的结果

实际	决　　　定	
	零假设正确	零假设失败
零假设为真	结果正确	类型Ⅰ错误
零假设为错	类型Ⅱ错误	结果正确

获得了描述测试或分类器性能的参数（AUC 或 A_Z），这对估算它的标准误差（SE）是非常有帮助的。这样的估算在一定程度上取决于潜在分布的形状，但它是保守的，所以即使分布是常态的，对 SE 的估算往往会有点过大，而不是太小。A_Z 和 SE 的标准误差如下所示：

$$SE = sqrt(\{(A_Z(1-A_Z)+(n_A-1)(Q_1-A_Z^2)+(n_N-1)(Q_2-A_Z^2))\}/\{n_A n_N\})$$
$$(9.1)$$

式中，n_A 和 n_N 分别是指异常值和正常值的数量（第1类和第2类），并且

$$Q_1 = A_Z/(2-A_Z) \tag{9.2}$$
$$Q_2 = 2A_Z^2/(1+A_Z) \tag{9.3}$$

既然能为一个特定的样本计算出标准偏差，得到某个 A_Z，那就可以设置样本的大小来做研究！仅仅改变样本的大小，直到达到一个合适的小的标准误差。请注意，为了做到这一点，需要考虑预期的 ROC 曲线下的面积。图 9.11 为 A_Z 的各种值绘制出了针对 n_A 的标准误差（假设等于 n_N）。像往常一样，标准误差随着样本数的二次方根改变，（就像所期望的一样）A_Z 的值越大，所需要的数目就越小。

所观察到的阳性结果为假阳性的概率用贝叶斯规则计算。贝叶斯规则的主要观点是，错误率（假阳性和假阴性）不单单是测试正确性这一个功能，也可以测试群体之内的实际比率或事件的频率。通常情况下，更大的问题是测试样本中的条件的实际比率（或整个群体的比率，即条件的先验概率）。

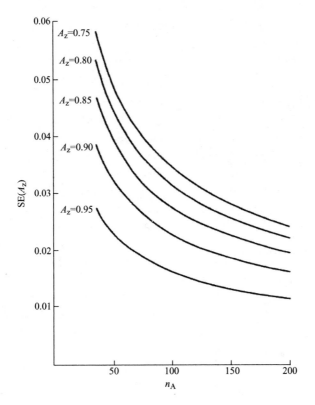

图 9.11 与样本大小有关的各种 A_Z 值标准误差（SE）
（n_A = 异常值的数量 = n_N）（参阅 Hanley 和 McNeil，1982）

9.4 比较分类器

9.4.1 ROC 曲线

ROC 曲线可以对不同分类器的运行进行比较。表 9.4 给出了曲线下的各个 ROC 区域之间，需提供检测差异的 80%、90% 或 95% 概率的正常和异常的主体数目。例如，如果有一个 0.775 的 A_Z 和第二个 0.900 的 A_Z'，且需要 90% 的动力，那么就需要每组有 104 例（正常值和异常值）。注意，总的来说，两个曲线下的区域越大，区域间所需的差异越小，目的是为了达到显著性。然而，如果两个测试应用于同一组案例，则表不适用。这需要更复杂的统计检验（参见 Hanley 和 McNeil，1983）。

表 9.4　提供检测 AUC，A_Z 和 A'_Z 之间各种差异 80％、90％和 95％的概率所需的正常值和异常值（或 Ⅰ类和 Ⅱ类）的数量（使用带有 $P=0.05$ 显著性的单面测试）。
（上面的数量＝80％的概率；中间的数量＝90％的概率；下面的数量＝95％的概率）

| A'_Z | | | | | | | | | | |
A_Z	0.750	0.775	0.800	0.825	0.850	0.875	0.900	0.925	0.950	0.975
0.700	652	286	158	100	68	49	37	28	22	18
	897	392	216	135	92	66	49	38	29	23
	1131	493	271	169	115	82	61	46	36	29
0.725		610	267	148	93	63	45	34	26	20
		839	366	201	126	85	61	45	34	27
		1057	459	252	157	106	75	55	42	33
0.750			565	246	136	85	58	41	31	23
			776	337	185	115	77	55	41	31
			976	423	231	143	96	68	50	38
0.775				516	224	123	77	52	37	27
				707	306	167	104	69	49	36
				889	383	209	129	86	60	44
0.800					463	201	110	68	46	33
					634	273	149	92	61	43
					797	342	185	113	75	53
0.825						408	176	96	59	40
						557	239	129	79	52
						699	298	160	97	64
0.850							350	150	81	50
							477	203	108	66
							597	252	134	81
0.875								290	123	66
								393	165	87
								491	205	107
0.900								960	228	96
								1314	308	127
								1648	383	156
0.925									710	165
									966	220
									1209	272
0.950										457
										615
										765

注意，数据中的噪声会降低测试性能。

9.4.2 McNemar 检验

给定一个训练集和一个验证集，在训练集中训练分类器并在验证集中检测它们，然后用列联表的形式计算它们的误差，见表9.5。

表 9.5 McNemar 测试的列联表

e_{00}: 分类数量错误的例子数量	e_{01}: 1 中所有分类错误的数量不包括 2
e_{10}: 2 中所有分类错误的数量不包括 1	e_{11}: 1 和 2 都分类正确的例子数量

在零假设下，两个分类器具有相同的误差率，期待$e_{01} = e_{10}$，并且e_{01}和e_{10}都等于 $(e_{01} + e_{10})/2$。有一个自由度的卡方统计。

$$\frac{(|e_{01} - e_{10}| - 1)^2}{e_{01} + e_{10}} \sim \chi^2 \tag{9.4}$$

McNemar 检验拒绝这样的假设：如果这个值大于$\chi^2_{\alpha,1}$，则分类器在显著的水平 α 上具有相同的误差。这里 $\alpha = 0.05$、$\chi^2_{0.05,1} = 3.84$。

9.4.3 其他统计检验

有大量的统计测试可以用来比较分类器，在这里只提及其中的一部分。在多分类器的情况下，可以使用方差分析（ANOVA）（例如，Alpaydin，2010）。这基于近似正常的二项式分布。如果想在多个数据集中比较两个或更多的分类器，这种方法就不适合了，并且需要借助于非参数检验，如 Wilcoxon 符号秩检验（为两个分类器）或 Kruskal–Wallis 检验和 Tukey 检验（为多个分类器）。如果想知道这些方式的细节，可以查阅统计学中的文章（例如 Ross，1987 和 Daniel，1991）。

9.4.4 分类工具箱

MATLAB 分类工具箱（见前言）是一个集分类、聚类、特征选择和还原为一体的综合算法。该算法可通过一个简单的图形界面进入，它允许用户通过各种数据集快速地比较分类器。该工具箱有三种估算训练好的分类器误差的方法：Holdout 方法、交叉验证和二次置换。如果合适，重绘的数目规定了一个给定的数据集将为估计误差进行多少次重新采样。

图 9.12 使用线性最小二乘分类器（基于解决同步的线性方程组，它通过线性回归将从训练点到决策边界的距离的平方和最小化，并通过感知器来实现），利用贝叶斯分类器，比较了分类的结果。这个数据集的潜在成分是高斯分布的。在这个例子中，训练20%的数据，剩余的80%使用 Holdout 方法进行测试。

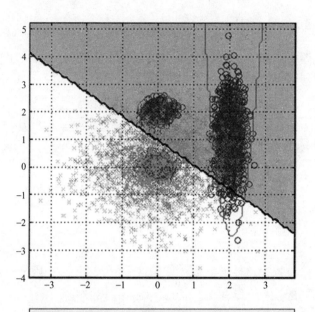

分类错误:

测试集错误: 类1: 0.27. 类2: 0.25. 总和: 0.26
训练集错误: 类1: 0.24. 类2: 0.24. 总和: 0.24
贝叶斯错误: 类1: 0.056.类2: 0.15. 总和: 0.1

图9.12　包括几个高斯分量数据集的最小平方和贝叶斯的决策边界

很显然,限制于产生线性决策边界的最小二乘分类器,在这个数据集中运行得不太好。分类器误差的两种类型在训练集和测试集中均有显示,它们约为25%。另一方面,贝叶斯分类器使用非线性决策边界,这个数据集产生了一个平均值为105的误分类误差。工具箱可以方便地重新运行数据、改变诸如抽样方法的参数、重绘数目和用于训练的数据点的百分比。数据也可以进行预处理,例如,使用白化变换来平移和缩放轴,使得每个特征具有零均值和单位方差。

图9.13显示了对两个不同的 k 值使用 k – NN 分类器之后的结果。当分类器尝试学习最佳方式来分类数据时,决策边界每次运行都会有轻微变化,但趋势是清楚可见的。k 的小值导致边界非常曲折,而 k 的大值导致边界比较平滑。在训练集中使用 k 的小值会引起较少的误差,但是在测试集中却不太可能是这样的情况。k 的大值并不能将训练集分类得很好,但在测试集上的性能可能是相似的。

工具箱允许使用所选的重采样方法来比较特定数据集上的多个分类器(见图9.14)。

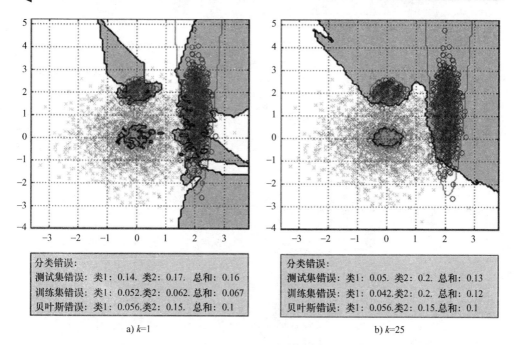

分类错误:
测试集错误: 类1: 0.14. 类2: 0.17. 总和: 0.16
训练集错误: 类1: 0.052.类2: 0.062. 总和: 0.067
贝叶斯错误: 类1: 0.056.类2: 0.15. 总和: 0.1

a) k=1

分类错误:
测试集错误: 类1: 0.05. 类2: 0.2. 总和: 0.13
训练集错误: 类1: 0.042.类2: 0.2. 总和: 0.12
贝叶斯错误: 类1: 0.056.类2: 0.15.总和: 0.1

b) k=25

图 9.13 采纳图 9.12 中 (20% 的训练集) 相同数据集,使用 k - NN (黑色部分)
和贝叶斯 (红色部分) 的决策边界

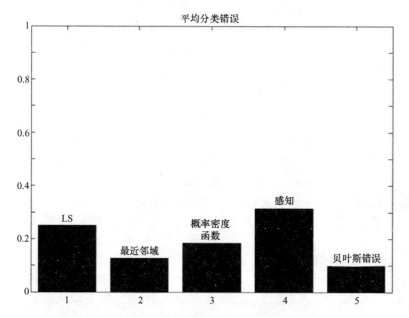

图 9.14 同图 9.12 中采用的数据集,对多个分类器结果的比较
(使用交叉验证;k - NN 分类器,k = 3)

145

有一个方便的手动输入分布的方法（在类中指定数量和相对的分布权重、它们的均值和协方差）和生成的样本数据集（无论大小所需的）。图 9.15 显示了一个异或分布，并得到一个 5 – NN 分类器和贝叶斯分类器的决策边界。

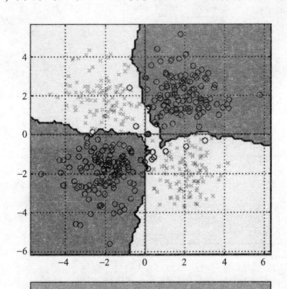

图 9.15　使用 5 – NN 和贝叶斯分类器得到的 XOR 分布决策边界

任何数据集都可以导入（例如，从 Excel 或 JMP 中）并用于分类工具箱中。必须将数据以 $D \times N$ 矩阵，即模式，读入 MATLAB 中，其中 D 是数据的维度的数目，N 是实例的数目。（如果 $D > 2$，特征选择 GUI 会打开请求的用户数据进行预处理，得到二维数据与显示兼容）此外，$1 \times N$ 矢量，即目标，需要用来保持范畴标签 0 或 1。如果分布是高斯的混合体，且其参数是已知的，那么这些参数可以存储在一个结构中，并命名为 distribution – parameters，可以用于计算贝叶斯误差。（在每一个类中，这种结构的字段是高斯的均值、高斯函数的协方差矩阵、每个高斯函数的相对权重以及 0 类的先验概率）。

9.5　组合分类器

在任何应用中，都可以使用一个特定的分类器，并尝试优化其性能。"没有免费午餐定理"指出，在任何领域中没有一个分类器能导出最准确的学习器。通常的做法是尝试几种不同的分类器，然后在单独的验证集中选择执行最好的那个。

每个分类器都有自己的假设一组，如果假设对于数据不成立，就会出现错误。学习本身是一个不适定的问题（或病态问题），对有限数据而言，每个分类器都会收敛到不同的解决方案。我们可以对分类器进行微调，以便在验证集上获得最佳的准确性，但这是一项复杂的任务，可能有一些数据点永远无法正确地处理，对此情况通过截然不同的分类器可更好地处理。有句谚语说，"三个臭皮匠顶个诸葛亮"，虽然这个概念的外延的最终结论是集体（委员会）决策的，但这对个体活动来说毫无用处。然而，通过适当的保障措施，可能会考虑在数据集上使用几种不同的分类器（称为基本分类器），每种分类器以不同的方式进行学习，并以某种方式组合其输出，这称为组合分类器或集成学习。

例 9.1

考虑一个有 25 个二进制的分类器的总效果，其中每一个都有一个 0.35 的错误率 ε。如果它们是独立的且多数表决是由预测得到的，那么全体分类器的错误率是多少呢？

当然，如果分类器是完全相同的，那么每一个都会使同样的例子误分类，全体的错误率将保持在 0.35。然而，如果它们是独立的（即它们的错误是不相关的），仅当一半以上的基础分类器预测错误时，总体才会得出错误的预测。在这种情况下，总体分类器的错误率为

$$\varepsilon = \sum_{i=13}^{25} \binom{25}{i} \varepsilon^i (1 - \varepsilon)^{25-i} = 0.06 \tag{9.5}$$

这大大低于基本分类器的错误率。

要选择一组不同的分类器，这些分类器应该在决策时有区别却能够互补。并且，为了在运行方面获得一个整体的效果，它们每一个都应该是合理准确的，至少在它们擅长的领域。如果有大量的数据，可能会考虑将其划分为不同的组（重叠或不重叠的）并且将数据分配到不同的分类器中。集合方法对于不稳定的分类器，即对于训练集中的微小扰动敏感的基本分类器而言更好。不稳定分类器的例子包括决策树、基于规则的分类器和人工神经网络。通过组合或聚合多个不同的基础分类器，可能会减少方差，从而降低误差。

组合多个分类器的最简单、最直观的方式是投票（见图 9.16），这相当于对分类器的输出做一个线性组合。在最简单的情况下，所有的分类器都给予了相同的权重，但它们的输出可以通过每个单独运行的基础分类器的成功率或通过各自的后验概率来加权。也有其他的可能性。通过中间规则将它们组合起来对异常值来说是更稳健的，最小量规则或最大量规则分别对应着悲观或乐观。将它们组合为一个产品会给每个分类器否决权。

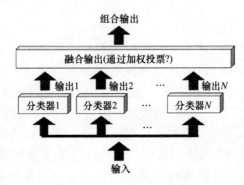

图 9.16   组合分类器, 组合了 N 个基分类器的输出

装袋法(或引导聚合法)是一种投票的方式, 通过在引导方法(通过替换重新抽样)生成的稍微不同的训练集上训练分类器, 使分类器不同。装袋法是一种方差缩减算法, 尽管有些人可能会怀疑这只是一种将计算机资源扔掉的有问题的方法!

而在装袋法中, 产生互补的基础分类器会给分类器本身带来机会和不稳定性, 在助推(Boosting)方法中, 通过在前一个分类器的错误的基础上训练下一个分类器来积极地尝试产生互补的分类器。原来的助推运算法(Schapire 1990)结合了三个弱的学习器(每一个仅仅比随机方法运行得好)来生成一个更强的学习器(错误的概率很小)。给定一个大的训练集, 它随机分为三个。在前三个训练集中训练分类器, 然后在中间三个中进行测试。将在测试中被误分类的数据和一组相同大小但随机正确分类的数据一起, 放入一个新的数据集中。第二个分类器在新的数据集中进行训练, 然后两个分类器都在最后三个数据集中进行测试。如果它们都产生相同的输出, 那么数据点就可以忽略, 否则就添加数据点形成另一个数据集, 这个数据集又为第三个分类器形成训练集。虽然该系统降低了最终的错误率, 但数据却非常缺乏。Drucker 等人(1994)使用了一组118000 个实例来增强多层感知器的光学手写数字识别。

AdaBoost(自适应助推法)——助推法的一种变体, 根据纠正前一分类器的难度为每个数据点分配权重(Freund 和 Schapire, 1996)。在训练时这些权重作为输入的一部分分配给分类器(最初都设置为相同的值 $1/N$, 其中 N 是训练集中数据点的数目)。AdaBoost 可以组合任意数量的基本分类器, 而不仅仅是三个。它使用简单且不是特别准确的分类器, 这样下一个分类器可以专注于不正确的选择。例如决策树, 它使用的是决策树桩(仅仅生长到一至两个层级的树)。显然这些都是有偏差的, 但方差的减少大于整体误差的减少。线性判别分析等分类器的方差小, 使用 AdaBoost 就无法实现增益。

参考文献

［1］ Alpaydin, E.: Introduction to Machine Learning, 2nd edn. MIT, Cambridge, MA（2010）. Chapter 19

［2］ Daniel, W. W.: Biostatistics: A Foundation for Analysis in the Health Sciences, 5th edn. Wiley, New York（1991）

［3］ Drucker, H., Cortes, C., Jackel, L. D., Le Cun, Y., Vapnik, V.: Boosting and other ensemble methods. Neural Comput. 6, 1289 - 1301（1994）

［4］ Freund, Y., Schapire, R. E.: Experiments with a new boosting algorithm. In: Saitta, L.（ed） Thirteenth International Conference on Machine Learning, pp. 148 - 156. Morgan Kaufmann, San Mateo, CA（1996）

［5］ Geman, S., Bienenstock, E., Doursat, R.: Neural networks and the bias/variance dilemma. Neural Comput. 4, 1 - 58（1992）

［6］ Hanley, J. A., McNeil, B. J.: The meaning and use of the area under a receiver operating characteristic（ROC）curve. Radiology 143, 29 - 36（1982）

［7］ Hanley, J. A., McNeil, B. J.: A method of comparing the areas under receiver operating characteristic curves derived from the same cases. Radiology 148, 839 - 843（1983）

［8］ James, G.: Variance and bias for general loss functions. Mach. Learn. 51, 115 - 135（2003）

［9］ Ross, S. M.: Introduction to Probability and Statistics for Engineers and Scientists. Wiley, New York（1987）

［10］ Schapire, R. E.: The strength of weak learnability. Mach. Learn. 5, 197 - 227（1990）

第10章 项 目

10.1 视网膜弯曲度作为疾病的指示器

视网膜血管可认为是直接的和非侵入性的，提供了一个独特的和可进入的窗口，在活的有机体内来研究人类脉管系统的健康。它们的外形，如我们看到的视网膜基底图像，是许多系统病理学的一个重要的诊断指标，包括糖尿病、高血压和动脉粥样硬化（见图10.1）。具体而言，在许多疾病的影响下，包括高血流量、血管生成和血管充血，血管会变得扩张和弯曲。弯曲度（即综合曲率）是一个可以很好地为不同的视网膜病理进行分类的特征。

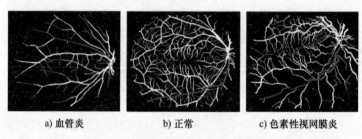

a) 血管炎   b) 正常   c) 色素性视网膜炎

图10.1　二值化视网膜图像的诊断结果（典型血管以灰色显示）

有许多不同的方式来定义弯曲度，但是有用的度量应该是附加的、尺度不变的、很大程度上独立于图像噪声和成像系统的分辨率。其中一个度量，平均弯曲度（M），相当于沿着血管长度累积的角度变化，这血管被认为包括沿其中线之间的密切数字化的点之间的直线部分。这里需要考虑这些数字化的点的密切度的问题。有了小的采样间隔，大的数字化误差会导致人为地升高弯曲度。相反，大的采样间隔会漏掉高频变化，会低估高度弯曲的血管的弯曲度。必须达到一个折中的距离来使数字化误差最小化，然后准确地追踪血管。一种可以选择的度量就是血管的标准方根曲率（K）（约翰逊和多尔蒂，2007）。这包含以血管的中轴线为中心的与数据球的曲线尺匹配的近似多项式，避免了需要与其他方法使用的任意地过滤中线数据来使数字化误差最小化。由于曲折性是附加的，因此显而易见的是每单位长度的曲折度（而不是曲折本身）是实际的利益度量。

视网膜图像可以从大学的眼科系或从公开可用的数据库获得。STARE（http://www.ces.clemson.edu/ahoover/stare），DRIVE（http://www.isi.uu.nl/Research/Databases/DRIVE/）数据库已被广泛用于比较不同血管的分割算法。

Messidor 项目数据库（Niemeijer 等，2004）是目前互联网上最大的视网膜图像数据库。旨在促进糖尿病视网膜病变的计算机辅助诊断研究；1200 张图像中的每一张都包括专家眼科医师的诊断（见图 10.2）。

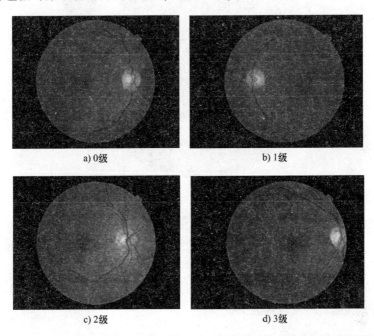

图 10.2　Messidor 数据库中的示例图像，显示不同严重程度的糖尿病视网膜病变

通常的方法是分割视网膜图像，并且在测量弯曲度之前，将得到的血管骨架化以提取其中心线。然而，分割是一个充满困难的具有挑战性的过程。它通常需要预处理以减少噪声和其他伪像，适应阈值，以及为破裂血管的随后连接做后处理。骨架化对噪声很敏感，通常需要各种填充和删减策略来修正虚假的间距、分支和交叉。另一种可选择的方法，可以规避在分割和骨架化时固有的问题，就是通过运用以 Hessian（Fan 等，2009）或 Jacobian（Yuan 等，2009）为基础的临界点的分析，使用匹配的或可操控的过滤器（Sofka 和 Stewart，2006），或者通过非最大化的抑制（Sun 和 Vallotton，2009）直接从灰度图像获取中心线关键点。Hessian 是 Laplacian 算子的概括，它是包括图像的二阶偏导数的方阵，因此可以用于定位一个脊状结构的中心。特别地，图像中任何点处的局部主脊方向由从该点周围的强度值计算的二阶导数矩阵的特征向量给出。

神经元 J 是一种半自动追踪方法，它以最少的用户干预直接从灰度图像（或一个 RGB 彩色图像的绿色平面）中使用 Hessian 识别和追踪血管。它已成功地用于从视网膜图像中追踪小动脉（见图 10.3），产生血管中心线的数字化坐标，这个坐标可以方便地导出到 Excel 文件中计算平均弯曲度（Iorga 和 Dougherty，2011）。

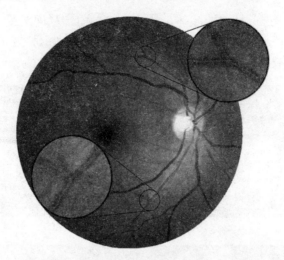

图 10.3　使用 NeuronJ 跟踪血管，放大区域显示对分叉点的跟踪（即大分支处）

在一项初步研究中（Dougherty 等，2010），使用 120 个正常血管的视网膜图像和三种视网膜病的 70 个图像（糖尿病视网膜病变、视网膜炎色点和视网膜血管炎），判别分析用来产生一个正则图（见图 10.4），显示最佳分组的两个维度的弯曲特征（M 和 K）的线性组合。这样条件较好地被分开，尽管显示糖尿病视网膜病变的血管经常被误分类。

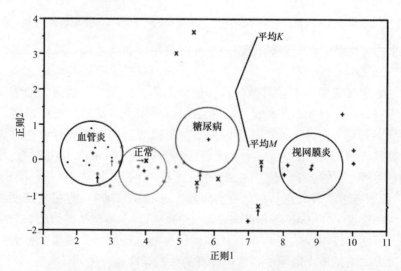

图 10.4　标准图示。来自真实情况的数据用单独符号表示（黑色小点表示血管炎；
星号表示正常；乘号表示糖尿病；加号表示视网膜炎），每个符号代表
10 次测量的平均值。特征的方向，M 和 K，
由标记的射线显示在正则空间中。每个圆的大小对应于该组均值
（标记为加号）95% 的置信界限。小箭头表示误分类数据点。

分类取决于一般人群的病情普遍程度（测试前概率）。考虑这些则产生了一个列联表（表10.1），在这个表中，位于对角线的元素显示正确的诊断，位于非对角线的元素显示错误的诊断。330个图像中共有150个（45%）被错误分类。然而，如果考虑将这些图像作为与其发生概率成比例的参考人群，那么错误分类的图像降到70个（即21%）。很明显，弯曲度是区分这些条件的一个有价值的特征。然而，这些高错误分类率同时阻止了用于对所有这些条件进行区分的弯曲度的使用，甚至是在参考人群中。其他特征需要加以识别和测量以提高分类的准确性。微动脉瘤的计数已被证明在辨别糖尿病视网膜病变中是有用的（Iorga 和 Dougherty，2011）。下面需要基于血管形态做进一步的工作以识别其他有益的特征，并且应该开发更大的数据集。

表10.1 在总体人群和样本（括号中）中疾病的流行，同时使用 M 和 K 的列联表

		结 论			
		糖尿病视网膜病	正常	色素性视网膜炎	血管炎
实际状况	糖尿病视网膜病	20（30）	50（20）	0（20）	0（0）
	正常	0（10）	120（100）	0（0）	0（10）
	色素性视网膜病	20（0）	10（0）	40（70）	0（0）
	血管炎	0（0）	70（10）	0（0）	0（60）

一种尚未开发的视网膜脉管系统的应用是生物特征识别。

10.2 纹理分割

纹理是一个直觉上显而易见的现象，但很难定义。它代表了细节的多样性，与测量规律性的模式不同。粗糙度或平滑度是纹理的重要组成部分，与傅里叶变换的衰减有关（Dougherty 和 Henebry，2001）。粗糙（2D）图像的径向傅里叶功率谱以 $1/\omega^2$ 衰减，在对数图中显示的梯度为 -2。而光滑（2D）图像以 $1/\omega^4$ 衰减，梯度为 -4。通过调用分数布朗运动，可以使用分形作为纹理的模型。它可以显示为一个图像的分数维 D（欧几里得维度 $=2$），由以下公式得出：

$$D = 4 - \beta \tag{10.1}$$

式中，β 是半径能谱的斜率的大小。这限制了所有方向上平均的 D，在 2（平滑）和 3（粗糙）之间以及高达 4（对于白噪声）。

因此，尽管纹理（包括统计矩、边缘、熵和与相关和共生矩阵相关的术语）有多种可能的定义，但是使用分形维数作为紧凑描述符，并且使用傅里叶能谱

已被广泛应用。精确分形具有吸引人的特性，如尺度和投影的不变性。然而，对于真实的结构，分形仅存在于统计学意义上，并且仅在有限的尺度范围内，因此就有了分形签名的概念。

有许多纹理数据库可以作为训练集使用以研究分类。Brodatz 纹理是一个知名的标准检查程序，用于评估纹理识别算法和数字化的图像，512×512，和直方图均衡，可以方便地下载（http://sipi.usc.edu/database/database.php? volum = textures）可以从大多数图像分析程序（例如，ImageJ，MATLAB）中方便地获得二维傅里叶能谱（对空间频率 u 和 v 的强度）。对于图像，频谱可以径向平均（见图 10.5a 和 b）以提供径向能谱（见图 10.5c），然后可以将其放置在直线上，以给出平均分形维数图片。

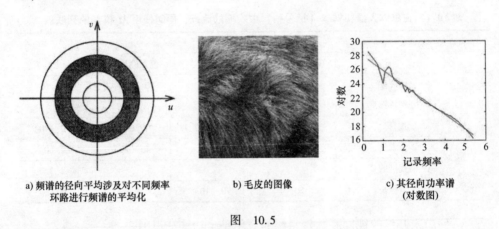

a) 频谱的径向平均涉及对不同频率　　　　　b) 毛皮的图像　　　　　c) 其径向功率谱
　　环路进行频谱的平均化　　　　　　　　　　　　　　　　　　　　　　（对数图）

图　10.5

相同纹理的不同图像产生略微不同的径向能谱，但平均值可以作为分形特征。然后可以通过将其签名与多个标准签名的平均签名进行比较来分类未知纹理，而不是尝试从每个图中提取单个分形维数。这样做的方法之一是针对标准签名（在空间频率的整个范围之上）绘制测试签名，并使用拟合优度作为一个参数来选择最佳的分类。图 10.6 显示了它的测试图像和墙壁的四个图像，由此产生的测试图像的拟合优度为 0.9063，这表明它可能也是一个带有墙壁特征纹理的墙壁图像。

径向能谱达到了 Fourier 能谱的任意有角的各向异性的平均数。保留角信息、显示分形维作为角度功能的极坐标图是可行的（见图 10.7）。（一个 MATLAB m - file.fracdim.m，读者可以从本书网站上下载。）可以尝试去使用简洁的特征（极坐标图的环状）来获得角的各向异性，并将它添加到拟合优度特征中来提高分类。

为了将这些方法应用于分割图像，重要的是确定图像中捕获径向功率谱的基本特征的最小关注区域（RoI）。然后可以使用此大小的重叠窗口来计算整个图像中的局部分形维数，以及它们用于基于纹理绘制边界的值。

a) 墙壁图像的四个例子

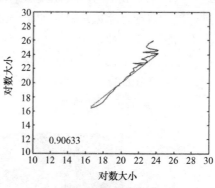

b) 测试图像

c) 图像b的径向功率幅度与a中
四个图像平均值的log-log图

图 10.6

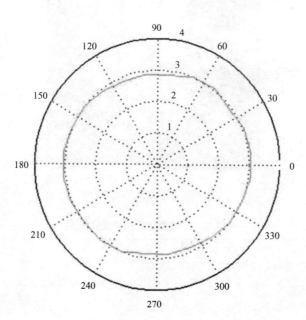

图 10.7 图 10.6b 墙壁图像分数维极坐标图

10.3 生物特征识别系统

生物特征识别系统是用来使用一些特定的生理或行为特征来识别和/或确认一个人。根据应用的背景，它们既可用于验证（通过将捕获的特征与他/她自己的模板进行对比来完成一对一的比较以鉴定一个人），也可用于匹配（通过搜索数据库进行最佳匹配来完成一对多的比较以建立个人身份）。

许多生物特征识别技术已经以多种应用方式得到开发和使用。其中，指纹、人脸、虹膜、语音、步态、手和手指的几何形状是最常用的。最近，手和手指的叶脉扫描（见图 10.8），采用红外传感器，已被用来验证 ATM（自动取款机）的客户。表 10.2 在成本、精度和安全方面对一些技术进行了比较。

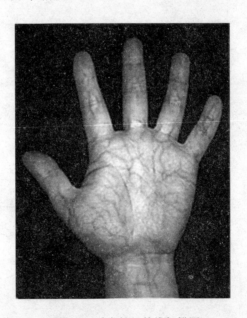

图 10.8 手掌的红外线扫描图

表 10.2 生物特征识别系统的比较

	指纹鉴定法	脸	虹膜	声音	静脉
易用性	▪	▪		▪	▪
廉价性	▪	▪	▪		▪
准确性	▪		▪		▪
安全性			▪		▪

10.3.1 指纹识别

指纹是生物特征识别中最古老和使用最广泛的形式。然而,指纹的品质很少达到完美,由于皮肤和印记条件的不同,指纹图像经常被污染。因此,指纹识别仍然是一个具有挑战性的问题,用于从指纹图像中得到可靠的特征提取的图像放大技术是指纹匹配的一个关键步骤。FVC - onGoing(https://biolab. csr. unibo. it/fvcongoing)作为标准检查程序为清楚地比较不同算法的性能提供了广泛的指纹数据库。

指纹是每个指尖的脊线和谷线的图案(见图 10.9a)。特征点是发生在脊线结束点(脊线突然结束的点)或脊线分叉点(脊线分裂成两个或多个分支的点)的局部脊线的特点。指纹的不同是基于两种类型的特征点之间独特的空间关系。不幸的是,退化的指纹图像会导致许多假的特征点被创造出来而真正的特征点却被忽略。在研究指纹特征点的数据时的一个关键步骤是可靠地从指纹图像中提取特征点。图像放大技术需要在特征点提取之前采用,以获得更可靠的对特征点的位置的估计。

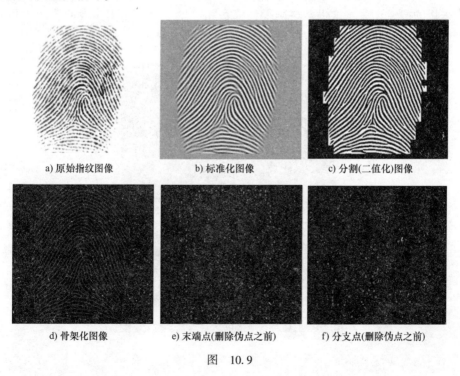

a) 原始指纹图像 b) 标准化图像 c) 分割(二值化)图像

d) 骨架化图像 e) 末端点(删除伪点之前) f) 分支点(删除伪点之前)

图 10.9

典型的预处理涉及减少任何不均匀的背景和对比度增强,可能通过直方图均衡,并产生归一化的指纹(见图 10.9b)。接下来是特征点的提取:分割(见

图10.9c，例如，通过适应阈值），骸骨化（见图10.9d，用一个像素宽显示脊），然后是结束特征点 [只有一个邻居（见图10.9e）] 和分叉特征点 [三个邻居（见图10.9f）] 的选择。指纹边上的虚假特征点在分割的过程中创造的掩码所删除。由于图像退化从脊线断裂处产生的许多虚假的结束特征点也可以通过检查这些特征点之间的距离加以删除。这产生两组特征点，一组包括结束点，另一组包括分叉点或分支点，每一组特征点都以坐标 (x, y) 为其特征。（特征点的角度 θ，在每个位置形成的脊线的角度也应该加以考虑。）下面的问题是点模式匹配方法，这可以通过许多方法实现，包括放松法、代数和运算研究解决法、修剪树法、能量最小化法和 Hough 转换法（Maltoni 等，2003）。

另一种可选择的方法是从两组特征点中形成两组三角形，然后比较测试图像中的三角形的角度（见图10.10）与标准图像中的三角形的角度。这消除了图像缩放和对准的需要，从而节省了相当的计算成本。它确实增加了特征数据库的大小。对于 N 个特征点 [每一个以 (x, y) 为特征]，现在有 $\binom{n}{3}$ 个三角形，每一个以三个角度为特征，非常小的边的三角形应该加以消除。根据比较数据中采用的搜索算法，这仍然与减少计算量相一致。可以组织角度的比较来提供一个度量图像之间匹配度的评分。

图10.10　由分支点形成的三角形（消除伪点之后）

10.3.2　面相识别

面部是日常社会互动的主要焦点，在传达身份和情感中发挥着重要的作用。人类的大脑识别面部的能力是难以置信的，人们一生中能够认识和识别出成千上万张面孔。自动面部识别系统试图模仿人类视觉系统的神经思考的过程，但开发这样的系统是一项艰巨的任务，因为人类的面部是极其复杂的，受多维视觉因素的影响。开发一项可以容忍年龄、面部表情、照明和姿势差异的面部识别系统是非常具有挑战性的任务。然而，一旦开发成功，就会得到大量的应用，例如在安全系统、犯罪鉴定和人机交互中有大量的模式已被采用；一些模式测量从面部图像获得的有益标记点的特征，使用例如弹性束图（Campadelli 和 Lanzarotti, 2005）或 Gabor 小波（Gokberk 等，2005）。而其他的，例如 Eigenfaces 和 Fisherfaces 的方法，考虑的是来源于许多面部图片数据分析的几组基础的标准面部进行结合的显著特征。有许多有效的数据库测试基准算法（http://www. face - rec. org/databases/）。Eigenfaces 模式采用主成分分析法（PCA），基于将高维图像空间线性地投射到低维特征空间（面部空间）。主成分从原始的训练集中，从常见的分辨率的可能面部的高维矢量空间的概率分布的协方差矩阵中计算得出，眼睛和嘴巴在所有的图像中近似排列。这些主成分，也称之为本征脸，是协方差矩阵的特征矢量，它们代表所有面部的基本特征。主成分代表图像的所有特征最大限度地散播或散射的投影方向。它不同于 Fisherfaces 法通过将类间散布与类内散布的比例最大化，采用判别分析法将初始的高维图像空间映射到（正则）方向以最好地分离类。由于面部识别主要是一项分类任务，Fisherfaces 是首选的方法，虽然 Eigenfaces 法已得到广泛应用（Belhmeur 等，1997）。

参考文献

[1] Belhumeur, P. N., Hespanha, J. P., Kriegman, D. J.: Eigenfaces vs. Fisherfaces: recognition using class specific linear projection. IEEE Trans. Pattern Anal. Mach. Intell. 19, 711 - 720 (1997)

[2] Campadelli, P., Lanzarotti, R.: A face recognition system based on local feature characterization. In: Tistarelli, M., Bigun, J., Grosso, E. (eds.) Advanced Studies in Biometrics. Springer, Berlin (2005)

[3] Dougherty, G., Henebry, G. M.: Fractal signature and lacunarity in the measurement of the texture of trabecular bone in CT images. Med. Biol. Eng. Comput. 23, 369 - 380 (2001)

[4] Dougherty, G., Johnson, M. J., Wiers, M. D.: Measurement of retinal vascular tortuosity and its application to retinal pathologies. Med. Biol. Eng. Comput. 48, 87 - 95 (2010)

[5] Fan, J., Zhou, X., Dy, J. G., et al.: An automated pipeline for dendrite spine detection and tracking of 3D optical microscopy neuron images of in vivo mouse models. Neuroinformatics 7, 113 - 130 (2009)

[6] Gokberk, B., Irfanoglu, M. O., Akarun, L., Alpaydin, E.: Selection of location, frequency,

and orientation parameters of 2D Gabor wavelets for face recognition. In: Tistarelli, M., Bigun, J., Grosso, E. (eds.) Advanced Studies in Biometrics. Springer, Berlin (2005)

[7] Iorga, M., Dougherty, G.: Tortuosity as an indicator of the severity of diabetic retinopathy. In: Dougherty, G. (ed.) Medical Image Processing: Techniques and Applications. Springer, Berlin (2011)

[8] Johnson, M. J., Dougherty, G.: Robust measures of three – dimensional vascular tortuosity based on the minimum curvature of approximating polynomial spline fits to the vessel mid – line. Med. Eng. Phys. 29, 677 – 690 (2007)

[9] Maltoni, D., Maio, D., Jain, A. K., Prabhakar, S.: Handbook of Fingerprint Recognition, p. 145. Springer, New York (2003)

[10] Niemeijer, M., Staal, J. S., van Ginneken, B., et al.: Comparative study of retinal vessel segmentation on a new publicly available database. Proceedings of the SPIE 5370 – 5379 (2004)

[11] Sofka, M., Stewart, C. V.: Retinal vessel centerline extraction using multiscale matched filters, confidence and edge measures. IEEE Trans. Med. Imaging 25, 1531 – 1546 (2006)

[12] Sun, C., Vallotton, P.: Fast linear feature detection using multiple directionalnon – maximum suppression. J. Microsc. 234, 147 – 157 (2009)

[13] Yuan, X., Trachtenberg, J. T., Potter, S. M., et al.: MDL constrained 3 – D grayscale skeletonization algorithm for automated extraction of dendrites and spines from fluorescence confocal images. Neuroinformatics 7, 213 – 232 (2009)